European soft bread

軟歐麵包 研究室

高纖・低糖・低油・低脂

「烘焙金牌名師」67道經典麵包食譜

李杰———著

European
Soft Bread

PREFACE
前言

軟歐麵包，即是鬆軟的歐式麵包。

歐式麵包是歐洲人常吃的麵包，而法國的長棍麵包是歐式麵包的典型代表，是許多歐洲家庭每天必吃的食物。一般來說，歐式麵包都比較大，分量較重，表皮金黃而硬脆，麵包內部組織沒有海綿似的柔軟。歐式麵包口味多為鹹味，且很少加糖、加油，以高纖、低糖、低油、低脂為特點，注重穀物的天然原香。

隨著經濟社會的發展、生活水準的提高，人們對於食物的健康和天然的關注度越來越高，也越來越追求如何吃得更健康，所以混合著高纖、雜糧、堅果等健康食材的歐式麵包慢慢步入現代人的生活。

軟歐麵包不同於甜而軟糯的日式麵包和大而硬的傳統歐式麵包，其實吸收了兩者的優點，具有傳統歐式麵包的健康基因，又擁有日式麵包柔軟的內部，外硬內軟，是一種更適合大眾口感偏好和健康飲食的麵包。

近年來，軟歐麵包成為麵包烘焙業的流行新趨勢、新食尚。在追求健康烘焙、新鮮食尚、個性化口味的生活方式下，宣導優質品味生活，需要天然健康、新穎的麵包產品。

與其他相關書籍相比，本書最為突出的特點在於獨特的配方、描述方式以及常見問題的解答，生活化的表達方式使得內容通俗易懂，讀者在嘗試每個配方時更容易成功。

本書的麵包配方簡單易學，幾乎涵蓋軟歐麵包的所有種類，全書按照麵包的不同款式和用途分為五個部分：基礎軟歐麵包、撒粉類藝術裝飾麵包、開刀類藝術裝飾麵包、編織類藝術裝飾麵包和包麵類藝術裝飾麵包，共計 67 款。麵包材料配比詳細、製作步驟清晰，並有精美的實物照片，讓讀者能夠輕鬆地掌握不同麵包的做法。

本書集知識性、專業性和學習性、欣賞性於一體，既適合作為專業麵包製作從業人員的教材，也適合麵包愛好者的自學讀物。

CONTENTS
目錄

04 編織類 · 藝術裝飾麵包

05 包麵類 · 藝術裝飾麵包

06 做麵包時常見問題 Q&A

Contents

如何使用本書

漂亮的軟歐麵包成品　　　　　　　　需要的材料都在這裡

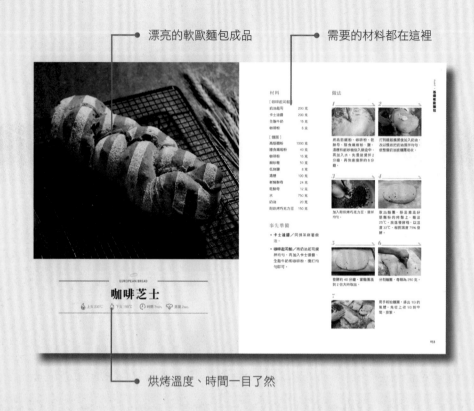

烘烤溫度、時間一目了然

最詳盡的步驟圖解，人人簡單上手

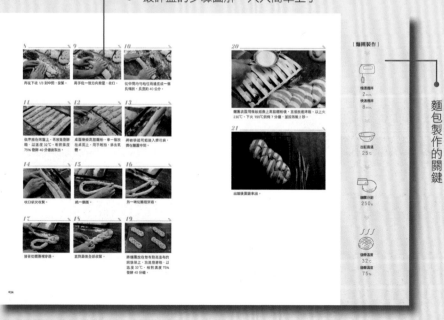

麵包製作的關鍵

PART 1

基礎

軟歐麵包

EUROPEAN SOFT BREAD

牛奶高鈣麵包

🔥 上火 230℃　　🔥 下火 190℃　　🕐 時間 8min.　　🌬 蒸氣 2sec.

材料

[牛奶高鈣餡]

奶油	200 克
奶粉	50 克
細砂糖	100 克
煉乳	10 克

[麵團]

高筋麵粉	1000 克
膳食纖維粉	40 克
細砂糖	70 克
低鈉鹽	8 克
湯種	100 克
水	720 克
煉乳	20 克
動物性鮮奶油	100 克
奶油	30 克
新鮮酵母 24 克／乾酵母 12 克	

事先準備

- **牛奶高鈣餡**／將奶油、細砂糖混合拌勻，再加入奶粉與煉乳即完成。

做法

1
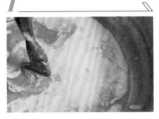
將高筋麵粉、乾酵母、膳食纖維粉、鹽、湯種和細砂糖倒入鋼盆中，再加入水、煉乳和鮮奶油。

2

先慢速攪拌 2 分鐘，再快速攪拌約 8 分鐘。

3
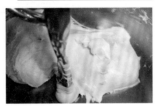
當麵筋擴展後加入奶油，改以慢速把奶油攪拌均勻，使整個奶油被麵團吸收。

4
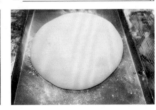
取出麵團，移至撒好高筋麵粉的烤盤上，麵溫 25℃。放進發酵箱，以溫度 32℃、相對濕度 75% 發酵約 40 分鐘，當麵團漲到 2 倍大時取出。

5

分割麵團，每顆 230 克。

6

用手輕拍麵團，排出 1/3 的氣體。先從上收 1/3 到中間，按緊。

[麵團製作]

慢速攪拌
2 min.

快速攪拌
8 min.

出缸麵溫
25℃

麵團分割
230 g

發酵溫度
32℃

發酵濕度
75%

7

再從下收 1/3 到中間，按緊。

8

用手從一個方向推壓，收口。

9

從中間均勻地往兩邊搓成一個長條狀，長度約 40 公分。

10

依序排入烤盤上，再放進發酵箱，以溫度 32℃、相對濕度 75% 發酵 40 分鐘後取出。

11

桌面撒些高筋麵粉，拿一個放在桌面上，用手輕拍，排出 1/3 的氣體。

12

將餡料裝入擠花袋中，擠在麵團的中間。

13

收口依序收緊，調整成 C 字型的麵團。

14

將麵團放在墊有耐高溫布的網盤架上，放進發酵箱，以溫度 32℃、相對濕度 75% 發酵 40 分鐘後取出。麵團表面用條紋紙撒上高筋麵粉後，直接進烤箱，以上火 230℃、下火 190℃烘烤 8 分鐘，並按蒸氣 2 秒。出爐後震盤拿出。

EUROPEAN SOFT BREAD

甜橙麵包

🔥 上火 240℃　　🔥 下火 190℃　　🕐 時間 7min.　　🥖 蒸氣 1sec.

材料

[甜橙餡]

橙果餡	250 克
奶油起司	125 克
卡士達粉	125 克
細砂糖	50 克

[麵團]

高筋麵粉	1000 克
膳食纖維粉	40 克
細砂糖	50 克
低鈉鹽	5 克
湯種	100 克
水	600 克
橙果餡	100 克
奶油	20 克
君度力嬌酒浸橙皮丁	100 克
新鮮酵母 24 克／乾酵母 12 克	

事先準備

- 將 10 克君度力嬌酒倒入橙皮丁中，浸漬橙皮丁。

- **甜橙餡**／先將奶油起司和細砂糖混合拌勻，再加入卡士達粉拌勻，最後放入橙果餡攪拌均勻。

做法

1
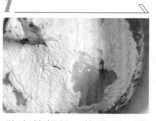
將高筋麵粉、乾酵母、膳食纖維粉、鹽、湯種和細砂糖倒入鋼盆中，再加入水和橙果餡。先慢速攪拌 2 分鐘，再快速攪拌約 8 分鐘。

2

當麵筋擴展後加入奶油，改以慢速把奶油攪拌均勻，使整個奶油被麵團吸收。

3

加入準備好的力嬌酒浸橙皮丁，攪拌均勻。

4

取出麵團移至撒好高筋麵粉的烤盤上，麵溫 25℃。放進發酵箱，以溫度 32℃、相對濕度 75% 發酵約 40 分鐘，當麵團漲到 2 倍大時取出。

5

分割麵團，每顆 230 克。先從上收麵團，再將下方麵團收到中間。

6

再次從上收，用手從一個方向推壓，使收口與下面黏緊。

7

從中間均勻地往兩邊搓成一個長條狀，長度約 40 公分。

8

依序排入烤盤上，再放進發酵箱，以溫度 32℃、相對濕度 75% 發酵 40 分鐘後取出。

9

桌面撒些高筋麵粉，拿一個放在桌面上，用手輕拍麵團，排出 1/3 的氣體。

10

將餡料裝入擠花袋中，擠在麵團的中間。收口依序收緊。

11

將麵團對折，兩邊長度相等。

12

捲起兩頭，調成如圖的形狀。

13

將麵團放在墊有耐高溫布的網盤架上，放進發酵箱，以溫度 32℃、相對濕度 75% 發酵 40 分鐘。

14

麵包表面用條紋紙撒上高筋麵粉後，進烤箱，以上火 240℃、下火 190℃烘烤 7 分鐘，並按蒸氣 1 秒。

15

出爐後震盤拿出。

[麵團製作]

慢速攪拌
2 min.

快速攪拌
8 min.

出缸麵溫
25℃

麵團分割
230 g

發酵溫度
32℃

發酵濕度
75%

EUROPEAN SOFT BREAD

羅勒起司火腿

🔥 上火 240℃　🔥 下火 220℃　🕐 時間 12min.　♨ 蒸氣 2sec.

材料

[麵包夾心]

培根片	2 片

[麵團]

高筋麵粉	1000 克
膳食纖維粉	40 克
細砂糖	50 克
低鈉鹽	15 克
天然液態酵種	100 克
湯種	100 克
水	650 克
奶油	20 克
新鮮酵母 24 克／乾酵母 12 克	

[裝飾]

起司碎、小蔥花碎、孜然粉各適量

做法

1

將高筋麵粉、乾酵母、膳食纖維粉、鹽、湯種、細砂糖和天然液態酵種倒入鋼盆中，再加入水。先慢速攪拌 2 分鐘，再快速攪拌約 8 分鐘。

2

當麵筋擴展後加入奶油，改以慢速把奶油攪拌均勻，使整個奶油被麵團吸收。

3

將麵團移至烤盤上，放進發酵箱，以溫度 32℃、相對濕度 75% 發酵約 40 分鐘，當麵團漲到 2 倍大時取出。

4

分割麵團，每顆 200 克。

5

用手輕拍麵團，排出 1/3 的氣體。先從上方收 1/3 到中間，按緊。

6

再用手從上向下按壓，收口。

[麵團製作]

慢速攪拌
2 min.

快速攪拌
8 min.

出缸麵溫
25℃

麵團分割
200g

發酵溫度
32℃

發酵濕度
75%

7

從中間均勻地往兩邊搓成一個長條狀。

8

依序排入烤盤上，進發酵箱，以溫度 32℃、相對濕度 75% 發酵 40 分鐘後取出。

9

桌面撒些高筋麵粉，拿出一個放在桌面上，用手輕拍，排出 1/3 的氣體。

10

將 2 片培根肉平放在麵團上，再進行收口，包住培根肉，捏緊兩邊收口。

11

將麵團移至墊有耐高溫布的網盤架上，放進發酵箱，以溫度 32℃、相對濕度 75% 發酵 40 分鐘，再剪開，左右交叉擺放，呈麥穗狀。

12

依序均勻地撒上孜然粉、小蔥花碎及起司碎。

13

放進烤箱，以上火 240℃、下火 220℃烘烤 12 分鐘，並按蒸氣 2 秒。出爐後震盤拿出。

——

EUROPEAN SOFT BREAD

火腿鹹乳酪福袋

🔥 上火 250℃　🔥 下火 220℃　🕐 時間 8min.　🔻 蒸氣 2sec.

材料

[火腿鹹乳酪餡]

乳酪絲	250 克
起司丁	50 克
培根細絲	100 克
小蔥花碎	50 克
低鈉鹽	5 克

[麵團]

高筋麵粉	1000 克
膳食纖維粉	40 克
細砂糖	80 克
低鈉鹽	12 克
液態酵種	100 克
湯種	100 克
水	680 克
奶油	20 克
小茴香碎	5 克
洋蔥細絲	100 克
新鮮酵母 25 克／乾酵母 13 克	

事先準備

- **火腿鹹乳酪餡**／將乳酪絲、起司丁、培根細絲、小蔥花碎和鹽一起攪拌均勻即完成。

做法

1

將高筋麵粉、乾酵母、膳食纖維粉、鹽、液態酵種、湯種和細砂糖倒入鋼盆中，再加入水、洋蔥細絲和小茴香碎。先慢速攪拌 2 分鐘，再快速攪拌約 8 分鐘。

2

當麵筋擴展後加入奶油，改以慢速把奶油攪拌均勻，使整個奶油被麵團吸收。

3

取出麵團移至撒好高筋麵粉的烤盤上，麵溫 25℃。放進發酵箱，以溫度 32℃、相對濕度 75% 發酵。

4

當麵團漲到 2 倍大時取出，發酵約 40 分鐘。

5

分割麵團，每顆 120 克。

6

收口滾成圓形。

7

依序排入烤盤上，放進發酵箱，以溫度 32℃、相對濕度 75% 發酵 40 分鐘後取出。

8

桌面撒些高筋麵粉，拿一個放在桌面上，用手輕拍排出氣體，包入福袋餡。

9

收口收緊，依序排入烤盤上，放進發酵箱，以溫度 32℃、相對濕度 75% 發酵 40 分鐘後取出。

10

將過篩好的高筋麵粉撒在麵包表面。

11

先剪出橫向開口，再依序上下剪開口，放進烤箱，以上火 250℃、下火 220℃烘烤 8 分鐘，並按蒸氣 2 秒。

12

出爐後震盤拿出。

[麵團製作]

慢速攪拌
2 min.

快速攪拌
8 min.

出缸麵溫
25℃

麵團分割
120 g

發酵溫度
32℃

發酵濕度
75%

EUROPEAN SOFT BREAD

高纖葡萄乾

🔥 上火 230℃　　🔥 下火 210℃　　🕐 時間 16min.　　🌀 蒸氣 3sec.

材料

[裝飾]

葵花子	50 克
白芝麻	50 克
黑芝麻	50 克
亞麻子	50 克
南瓜子	50 克
杏仁片	50 克

[麵團]

高筋麵粉	1000 克
六穀粉	200 克
膳食纖維粉	40 克
細砂糖	80 克
低鈉鹽	8 克
湯種	100 克
水	750 克
奶油	30 克
蘭姆葡萄乾	200 克
新鮮酵母 24 克／乾酵母 12 克	

事先準備：

- **裝飾部分**／將葵花子、白芝麻、黑芝麻、亞麻子、南瓜子和杏仁片混合均勻，取 200 克混合好的六穀放入磨粉機中，約 10 秒成粉狀即可。

做法

1

將高筋麵粉、乾酵母、膳食纖維粉、鹽、湯種和細砂糖倒入鋼盆中，再加入水、六穀粉。先慢速攪拌 2 分鐘，再快速攪拌約 8 分鐘。

2

當麵筋擴展後加入奶油，改以慢速把奶油攪拌均勻，使整個奶油被麵團吸收。

3

加入切碎的葡萄乾，攪拌均勻。

4

取出麵團移至撒好高筋麵粉的烤盤上，麵溫 25℃。放進發酵箱，以溫度 32℃、相對濕度 75% 發酵。

5

當麵團漲到 2 倍大時取出，發酵約 40 分鐘。

6

分割麵團，每顆 230 克，收口滾成圓形。

[麵團製作]

慢速攪拌
2 min.

快速攪拌
8 min.

出缸麵溫
25℃

麵團分割
230g

發酵溫度
32℃

發酵濕度
75%

7

依序排入烤盤，放進發酵箱，以溫度 32℃、相對濕度 75% 發酵 40 分鐘，當麵團體積變大 2 倍時取出。

8

桌面撒些高筋麵粉，拿一個放在桌面上，用手輕拍，排出氣體。

9

從上往下收壓麵團，調成橄欖狀。

10

將麵團表面黏上六穀粉。

11

將麵包放在墊有耐高溫布的網盤架上，放進發酵箱，以溫度 32℃、相對濕度 75% 發酵 40 分鐘。

12

進烤箱，以上火 230℃、下火 210℃烘烤 16 分鐘，並按蒸氣 3 秒。出爐後震盤拿出。

抹茶麻糬

 上火 230℃ 下火 200℃ 時間 8min. 蒸氣 2sec.

材料

[抹茶麻糬起司餡]

奶油起司	200 克
卡士達醬	200 克
巧克力豆	100 克
Q 心餡	5 個

[麵團]

高筋麵粉	1000 克
膳食纖維粉	40 克
抹茶粉	15 克
細砂糖	50 克
低鈉鹽	8 克
湯種	100 克
水	750 克
奶油	20 克
糖漬紅豆粒	100 克
耐烘烤巧克力豆	50 克
新鮮酵母 24 克／乾酵母 12 克	

事先準備

- **卡士達醬**／準備 500 克牛奶、100 克動物性鮮奶油、180 克卡士達粉和 5 克君度力嬌酒。先倒入牛奶、鮮奶油和君度力嬌酒，再加入卡士達粉，使用攪拌器混合均勻。

- **抹茶麻糬起司餡**／先將奶油起司拌勻，再加入卡士達醬、巧克力豆拌勻，最後加入切碎的 Q 心餡拌勻。

做法

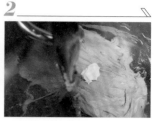

1 將高筋麵粉、乾酵母、膳食纖維粉、鹽、湯種、細砂糖和抹茶粉倒入鋼盆中，再加入水。先慢速攪拌 2 分鐘，再快速攪拌約 8 分鐘。

2 當麵筋擴展後加入奶油，改以慢速把奶油攪拌均勻，使整個奶油被麵團吸收。

3 加入糖漬紅豆粒和耐烘烤巧克力豆，攪拌均勻。

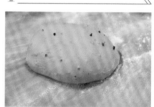

4 取出麵團移至撒好高筋麵粉的烤盤上，麵溫 25℃。放進發酵箱，以溫度 32℃、相對濕度 75% 發酵。

5 當麵團漲到 2 倍大時取出，發酵約 40 分鐘。

6 分割麵團，每顆 230 克。注意不要一個重量的麵團分好幾刀，儘量在三刀以內分好。

7 收口滾成圓形。依序排入烤盤上，放進發酵箱，以溫度 32℃、相對濕度 75% 發酵 40 分鐘後取出。

8 桌面撒些高筋麵粉，拿一個放在桌面上，用手輕拍，排出氣體。

9

將抹茶麻糬起司餡裝入擠花袋中，擠在麵團中間。

10

從上收 1/3 到中間，壓緊。

11

再從中間向下收，收口壓在下方。

12

將麵團放在墊有耐高溫布的網盤架上，放進發酵箱，以溫度 32℃、相對濕度 75% 發酵 40 分鐘。

13

麵團表面用條紋紙撒上高筋麵粉後，直接進烤箱，以上火 230℃、下火 200℃烘烤 8 分鐘，並按蒸氣 2 秒。

14

出爐後震盤拿出。

[麵團製作]

慢速攪拌
2 min.

快速攪拌
8 min.

出缸麵溫
25℃

麵團分割
230 g

發酵溫度
32℃

發酵濕度
75 %

--- EUROPEAN SOFT BREAD ---

抹茶紅豆

🔥 上火 230℃   🔥 下火 200℃   🕐 時間 7min.   ☁ 蒸氣 2sec.

材料

[抹茶紅豆餡]

奶油起司	200 克
卡士達醬	200 克
糖漬紅豆粒	100 克
巧克力豆	100 克

[麵團]

高筋麵粉	1000 克
膳食纖維粉	40 克
抹茶粉	15 克
細砂糖	50 克
低鈉鹽	8 克
湯種	100 克
水	750 克
奶油	20 克
糖漬紅豆粒	100 克
耐烘烤巧克力豆	50 克
新鮮酵母 24 克／乾酵母 12 克	

事先準備：

- **卡士達醬**／同 P.24 做法。

- **抹茶紅豆餡**／將奶油起司攪拌均勻，再加入卡士達醬、糖漬紅豆粒和巧克力豆拌勻即可。

做法

1
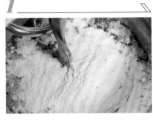
將高筋麵粉、乾酵母、膳食纖維粉、鹽、湯種、細砂糖和抹茶粉倒入鋼盆中，再加入水。先慢速攪拌 2 分鐘，再快速攪拌約 8 分鐘。

2
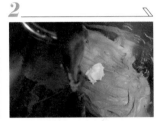
當麵筋擴展後加入奶油，改以慢速把奶油攪拌均勻，使整個奶油被麵團吸收。

3

加入糖漬紅豆粒和耐烘烤巧克力豆，攪拌均勻。

4

取出麵團移至撒好高筋麵粉的烤盤上，麵溫 25℃。放進發酵箱，以溫度 32℃、相對濕度 75% 發酵。

5

當麵團漲到 2 倍大時取出，發酵約 40 分鐘。

6

分割麵團，每顆 50 克，收口滾成圓形。

慢速攪拌
2 min.

快速攪拌
8 min.

出缸麵溫
25℃

麵團分割
5×50g

發酵溫度
32℃

發酵濕度
75%

7

依序排入烤盤上，放進發酵箱，以溫度 32℃、相對濕度75%，發酵約 40 分鐘後取出。

8

桌面撒些高筋麵粉，拿一個放在桌面上，用手輕拍，排出氣體。

9

將抹茶紅豆餡裝入擠花袋中，擠在麵團中間。

10

收口依序收緊。

11

將麵包放在墊有耐高溫布的網盤架上，每 5 顆為一組，每顆要間隔一點距離，再放進發酵箱，以溫度 32℃、相對濕度 75% 發酵 40 分鐘。

12

將蛋糕叉放在每個麵團中央，撒上高筋麵粉，然後進烤箱，以上火 230℃、下火200℃烘烤 7 分鐘，並按蒸氣2 秒。

13

出爐後震盤拿出。

EUROPEAN SOFT BREAD

草莓磨坊

🔥 上火 230℃　　🔥 下火 200℃　　🕐 時間 8min.　　🖐 蒸氣 1sec.

材料

[草莓磨坊餡]

奶油起司	200 克
細砂糖	75 克
草莓乾	100 克

[麵團]

高筋麵粉	1000 克
膳食纖維粉	40 克
細砂糖	60 克
低鈉鹽	8 克
湯種	100 克
水	750 克
紅火龍果粉	30 克
奶油	20 克
草莓乾	100 克
新鮮酵母 24 克／乾酵母 12 克	

事先準備

- **草莓磨坊餡**／將奶油起司與細砂糖混合拌勻,再加入草莓乾攪拌均勻。

做法

1

先將紅火龍果粉與水混合均勻,再放入高筋麵粉、乾酵母、膳食纖維粉、鹽、湯種和細砂糖。先慢速攪拌 2 分鐘,再快速攪拌約 8 分鐘。

2

當麵筋擴展後加入奶油,改以慢速把奶油攪拌均勻,使整個奶油被麵團吸收。

3

加入草莓乾攪拌均勻。

4

取出麵團移至烤盤上,放進發酵箱,以溫度 32℃、相對濕度 75% 發酵,當麵團漲到 2 倍大時取出。

5

分割麵團,每顆 250 克。

6

用手輕拍麵團,排出 1/3 的氣體。先從上收 1/3 到中間,按緊。

7

再從下收 1/3 到中間,按緊。

8

用手從一個方向推壓,收口。

9

從中間均勻地往兩邊搓成一個長條狀，長度約 40 公分。依序排入烤盤上，再放進發酵箱，以溫度 32℃、相對濕度 75% 發酵 40 分鐘後取出。

10

桌面撒些高筋麵粉，拿一個放在桌面上，用手輕拍，排出氣體。

11

將草莓磨坊餡裝入擠花袋，擠在麵團中間。

12

從上向下，收口依序收緊。

13

將麵團調成心形，移至墊有耐高溫布的網盤架上，放進發酵箱，以溫度 32℃、相對濕度 75% 發酵 40 分鐘。

14

麵團表面用條紋紙撒上高筋麵粉後，直接進烤箱，以上火 230℃、下火 200℃烘烤 8 分鐘，並按蒸氣 1 秒。出爐後震盤拿出。

[麵團製作]

慢速攪拌
2 min.

快速攪拌
8 min.

出缸麵溫
25℃

麵團分割
250 g

發酵溫度
32℃

發酵濕度
75%

咖啡起司

 上火 230℃　 下火 190℃　 時間 7min.　 蒸氣 2sec.

材料

[咖啡起司餡]

奶油起司	200 克
卡士達醬	200 克
全脂牛奶	15 克
咖啡粉	6 克

[麵團]

高筋麵粉	1000 克
膳食纖維粉	40 克
咖啡粉	15 克
細砂糖	50 克
低鈉鹽	8 克
湯種	100 克
水	750 克
奶油	20 克
耐烘烤巧克力豆	150 克
新鮮酵母 24 克／乾酵母 12 克	

事先準備

- **卡士達醬**／同 P.24 做法。

- **咖啡起司餡**／將奶油起司攪拌均勻，再加入卡士達醬、全脂牛奶和咖啡粉，攪打均勻即可。

做法

1
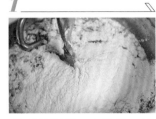
將高筋麵粉、咖啡粉、乾酵母、膳食纖維粉、鹽、湯種和細砂糖倒入鋼盆中，再加入水。先慢速攪拌 2 分鐘，再快速攪拌約 8 分鐘。

2

當麵筋擴展後加入奶油，改以慢速把奶油攪拌均勻，使整個奶油被麵團吸收。

3

加入耐烘烤巧克力豆，攪拌均勻。

4

取出麵團移至撒好高筋麵粉的烤盤上，麵溫 25℃。放進發酵箱，以溫度 32℃、相對濕度 75% 發酵。

5

當麵團漲到 2 倍大時取出，發酵約 40 分鐘。

6

分割麵團，每顆 250 克。

7

用手輕拍麵團，排出 1/3 的氣體。先從上收 1/3 到中間，按緊。

8

再從下收 1/3 到中間，按緊。

9

用手從一個方向推壓，收口。

10

從中間均勻地往兩邊搓成一個長條狀，長度約 40 公分。

11

麵團依序放在烤盤上，放進發酵箱，以溫度 32℃、相對濕度 75% 發酵 40 分鐘後取出。

12

桌面撒些高筋麵粉，拿一個放在桌面上，用手輕拍，排出氣體。

13

將咖啡起司餡裝入擠花袋，擠在麵團中間。

14

收口依序收緊。

15

繞一個圈。

16

另一端從圈裡穿過。

17

接著從麵團裡穿過。

18

直到最後全部收緊。

19

將麵團放在墊有耐高溫布的網盤架上，放進發酵箱，以溫度 32℃、相對濕度 75% 發酵 40 分鐘。

20

麵團表面用條紋紙撒上高筋麵粉後，直接進烤箱，以上火
230℃、下火 190℃烘烤 7 分鐘，並按蒸氣 2 秒。

21

出爐後震盤拿出。

[麵團製作]

慢速攪拌
2 min.

快速攪拌
8 min.

出缸麵溫
25℃

麵團分割
250 g

發酵溫度
32℃

發酵濕度
75%

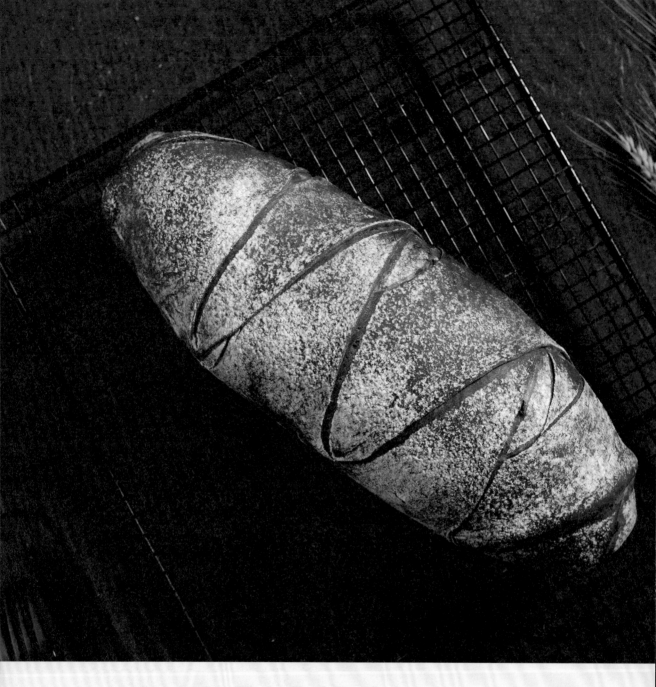

EUROPEAN SOFT BREAD

乳酸蔓越莓

🔥 上火 240℃   🔥 下火 210℃   🕐 時間 16min.   💨 蒸氣 3sec.

材料

[麵團]

高筋麵粉	1000 克
紅麴粉	15 克
膳食纖維粉	40 克
細砂糖	100 克
低鈉鹽	8 克
湯種	100 克
水	700 克
奶油	20 克
蔓越莓乾	200 克
新鮮酵母 24 克／乾酵母 12 克	

做法

1

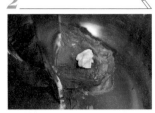

將高筋麵粉、乾酵母、膳食纖維粉、紅麴粉、鹽、湯種和細砂糖倒入鋼盆中，再加入水。先慢速攪拌 2 分鐘，再快速攪拌約 8 分鐘。

2

當麵筋擴展後加入奶油，改以慢速把奶油攪拌均勻，使整個奶油被麵團吸收。

3

取出 700 克麵團，剩下的 1300 克加入 200 克蔓越莓乾，攪拌均勻。

4

取出揉好的麵團移至撒好高筋麵粉的烤盤上，麵溫 25℃。放進發酵箱，以溫度 32℃、相對濕度 75% 發酵約 40 分鐘，當麵團漲到 2 倍大時取出。

5

分割有果乾的麵團，每顆 210 克。用手輕拍，排出氣體，收口滾成橄欖形。

6

分割沒果乾的麵團，每顆 100 克，收口滾成圓形，整形後放在烤盤上。

慢速攪拌
2 min.
快速攪拌
8 min.

出缸麵溫
25℃

麵團分割
100g 和 210g

發酵溫度
32℃
發酵濕度
75%

7

將麵團放進發酵箱，以溫度
32℃、相對濕度 75% 發酵
40 分鐘後取出。

8

把圓形麵團擀開，放上發酵
好的果乾麵團。

9

將麵皮兩邊平行地切 3 刀。

10

將切好的一小塊麵皮收至另
一邊。依序重複上面步驟。

11

最後將收口收至前一個麵團
裡。

12

將麵包放在墊有耐高溫布的網
盤架上，放進發酵箱，以溫度
32℃、相對濕度 75% 發酵 40
分鐘。

13

將麵團表面撒上高筋麵粉，
放進烤箱，以上火 240℃、
下火 210℃烘烤 14 分鐘，並
按蒸氣 3 秒。

14

出爐後震盤拿出。

EUROPEAN SOFT BREAD

維多利亞的祕密

 上火 230℃　　 下火 200℃　　🕐 時間 9min.　　 蒸氣 2sec.

材料

[維多利亞的祕密餡]

奶油起司	300 克
卡士達醬	200 克
蔓越莓乾	150 克

[麵團]

高筋麵粉	1000 克
紅麴粉	15 克
膳食纖維粉	40 克
細砂糖	70 克
低鈉鹽	8 克
湯種	100 克
水	700 克
奶油	20 克
新鮮酵母 24 克／乾酵母 12 克	

事先準備

- **卡士達醬**／同 P.32 做法
- **維多利亞的祕密餡**／先將奶油起司攪打均勻，再加入卡士達醬、蔓越莓乾攪拌均勻即可。

做法

1
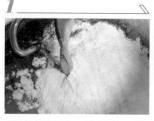
將高筋麵粉、乾酵母、膳食纖維粉、紅麴粉、鹽、湯種和細砂糖倒入鋼盆中，再加入水。先慢速攪拌 2 分鐘，再快速攪拌約 7 分鐘。

2
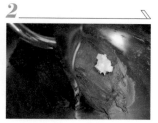
當麵筋擴展後加入奶油，改以慢速把奶油攪拌均勻，使整個奶油被麵團吸收。

3

取出麵團移至撒好高筋麵粉的烤盤上，麵溫為 25℃。放進發酵箱，以溫度 32℃、相對濕度 75% 發酵約 40 分鐘，當麵團漲到 2 倍大時取出。

4

把麵團分割成兩個 100 克和一個 50 克，組成一組。

5

將 100 克的麵團收圓。

6

將 50 克的麵團搓成長條。

7
將麵團依序排入烤盤上，放進發酵箱，以溫度 32℃、相對濕度 75% 發酵 40 分鐘後取出。

8

用手輕拍圓形麵團，將氣體排出。

9

包入維多利亞的祕密餡。

10

捏緊收口。

11

將 50 克長條麵團搓成細長條。收口包住另一頭，按緊收口。

12

繞個 8 形環。

13

把 2 個 100 克圓形麵團放到8 形環中間。

14

麵團移到墊有耐高溫布的網盤架上，放進發酵箱，以溫度32℃、相對濕度 75% 發酵 40分鐘。

15

麵團表面撒上過篩好的高筋麵粉，再進烤箱，以上火230℃、下火 200℃烘烤 9 分鐘，並按蒸氣 2 秒。

16

出爐後震盤拿出。

[麵團製作]

慢速攪拌
2 min.
快速攪拌
7 min.

出缸麵溫
25℃

麵團分割
50g 和
100g X 2 個

發酵溫度
32℃
發酵濕度
75%

EUROPEAN SOFT BREAD

巴黎摩卡

🔥 上火 230℃　　🔥 下火 190℃　　🕐 時間 7min.　　▽ 蒸氣 1sec.

材料

[巴黎摩卡餡]

奶油起司	200 克
卡士達醬	200 克
耐烘烤巧克力豆	100 克

[麵團]

高筋麵粉	1000 克
膳食纖維粉	40 克
細砂糖	50 克
低鈉鹽	8 克
湯種	100 克
水	750 克
奶油	20 克
耐烘烤巧克力豆	150 克
新鮮酵母 24 克／乾酵母 12 克	

[酥粒]

奶油	100 克
細砂糖	200 克
高筋麵粉	200 克

事先準備

- **卡士達醬**／同 P.24 做法。
- **巴黎摩卡餡**／將奶油起司攪拌均勻，再加入卡士達醬和耐烘烤巧克力豆，攪打均勻即可。

做法

1

將高筋麵粉、乾酵母、膳食纖維粉、鹽、湯種和細砂糖倒入鋼盆中，再加入水。先慢速攪拌 2 分鐘，再快速攪拌約 8 分鐘。

2

當麵筋擴展後加入奶油，改以慢速把奶油攪拌均勻，使整個奶油被麵團吸收。

3

加入耐烘烤巧克力豆，攪拌均勻。

4

取出麵團移至撒好高筋麵粉的烤盤上，麵溫 25℃。放進發酵箱，以溫度 32℃、相對濕度 75% 發酵。

5

當麵團漲到 2 倍大時取出，發酵約 40 分鐘。

6

分割麵團，每顆 250 克。

7
用手輕拍麵團，排出 1/3 的氣體。先從上收 1/3 到中間，按緊。

8

再從下收 1/3 一到中間，按緊。

9

用手從一個方向推壓收口。

10

從中間均勻地往兩邊搓成一個長條狀，長度約 40 公分。

11

依序排入烤盤上，放進發酵箱，以溫度 32℃、相對濕度 75% 發酵 40 分鐘後取出。

12

桌面撒點高筋麵粉，拿一個放在桌面上，用手輕拍，排出氣體。

13

將巴黎摩卡餡裝入擠花袋，擠在麵團中間。

14

收口依序收緊。

15

收口完成後對折，兩邊長度相同。

16

交叉相繞，上面空出一個圈。

17

最後尾部留出。

18

將麵團放在沾水的毛巾上，表面沾水。

19

黏上酥粒。

20

將麵團放在墊有耐高溫布的網盤架上，放進發酵箱，以溫度
32℃、相對濕度 75% 發酵 40 分鐘。

21

麵團表面用條紋紙撒上高筋麵粉後，直接進烤箱，以上火
230℃、下火 190℃烘烤 7 分鐘，並按蒸氣 1 秒。

22

出爐後震盤拿出。

[麵團製作]

慢速攪拌
2 min.

快速攪拌
8 min.

出缸麵溫
25℃

麵團分割
250 g

發酵溫度
32℃

發酵濕度
75%

藍莓馬蹄

 上火 240℃　　 下火 190℃　　 時間 7min.　　 蒸氣 2sec.

材料

[藍莓餡]

藍莓果餡	250 克
奶油起司	125 克
卡士達醬	125 克
細砂糖	50 克

[麵團]

高筋麵粉	1000 克
膳食纖維粉	40 克
細砂糖	50 克
低鈉鹽	5 克
湯種	100 克
水	600 克
藍莓粉	80 克
藍莓果餡	100 克
奶油	20 克
葡萄乾碎	150 克
新鮮酵母 24 克／乾酵母 12 克	

事先準備

- **卡士達醬**／同 P.24 做法。
- **藍莓餡**／先將奶油起司與細砂糖混合，拌勻至砂糖融化後，加入卡士達醬、藍莓果餡混合拌勻即可。

做法

1 將高筋麵粉、乾酵母、膳食纖維粉、藍莓粉、鹽、湯種和細砂糖倒入鋼盆中，再加入水。先慢速攪拌 2 分鐘，再快速攪拌約 8 分鐘。

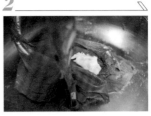
2 當麵筋擴展後加入奶油，改以慢速把奶油攪拌均勻，使整個奶油被麵團吸收。

3 最後加入葡萄乾碎，攪拌均勻。

4 將麵團放在烤盤上，放進發酵箱，以溫度 32℃、相對濕度 75% 發酵約 40 分鐘，當麵團漲到 2 倍大時取出。

5 分割麵團，每顆 230 克。

6 用手輕拍麵團，將麵團內的氣體 1/3 排出。

7 先從上收 1/3 到中間，按緊。

8 再用手從一個方向從上向下推壓，收口。

慢速攪拌
2 min.

快速攪拌
8 min.

出缸麵溫
25℃

麵團分割
230g

發酵溫度
32℃

發酵濕度
75%

9

從中間均勻地往兩邊搓成一個長條狀，長度約 40 公分，依序放在烤盤上。

10

放進發酵箱，以溫度 32℃、相對濕度 75% 發酵 40 分鐘後取出。

11

桌面撒點高筋麵粉，拿一個放在桌面上，用手輕拍，排出氣體。

12

將藍莓餡裝入擠花袋，擠在麵團中間。

13

將收口收緊，麵團調整成 U 字形。

14

將麵團放在墊有耐高溫布的網盤架上，放進發酵箱，以溫度 32℃、相對濕度 75% 發酵 40 分鐘。

15

麵團表面用條紋紙撒上高筋麵粉後，進烤箱，以上火 240℃、下火 190℃烘烤 7 分鐘，並按蒸氣 2 秒。出爐後震盤拿出。

EUROPEAN SOFT BREAD

原味巧克力

🔥 上火 230℃　　🔥 下火 190℃　　🕐 時間 8min.　　🖤 蒸氣 2sec.

材料

[麵團]

高筋麵粉	1000 克
可可粉	20 克
膳食纖維粉	40 克
細砂糖	90 克
低鈉鹽	8 克
湯種	100 克
水	700 克
巧克力醬	150 克
耐烘烤巧克力豆	150 克
藍姆葡萄乾	100 克
新鮮酵母 24 克／乾酵母 12 克	

做法

1

將 10 克藍姆酒倒入葡萄乾裡面，浸泡一下備用。

2

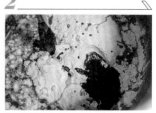

倒入高筋麵粉、乾酵母、膳食纖維粉、鹽、湯種、細砂糖和可可粉，再加入水和巧克力醬。先慢速攪拌 2 分鐘，再快速攪拌約 8 分鐘。

3

當麵筋擴展後加入耐烘烤巧克力豆和藍姆葡萄乾，攪拌均勻。

4

取出麵團移至烤盤上，放進發酵箱，以溫度 32℃、相對濕度 75% 發酵約 40 分鐘，當麵團漲到 2 倍大時取出。

5

分割麵團，每顆 250 克。

6

用手輕拍，將麵團內的 1/3 的氣體排出。

7

從上收 1/3 到中間，按緊。

8

再從上收 1/3 按緊，下方收口捏緊。

9

從中間均勻地往兩邊搓成一個長條狀，長度約 40 公分。

10

依序排入烤盤上，放進發酵箱，以溫度 32℃、相對濕度 75% 發酵 40 分鐘。

11

桌面撒些高筋麵粉，拿一個放在桌面上，用手輕拍，排出氣體。收口收緊。

12

依照圖，編一股辮子。

13

將麵團放在墊有耐高溫布的網盤架上，然後放進發酵箱，以溫度 32℃、相對濕度 75% 發酵 40 分鐘。

14

麵團表面用條紋紙撒上高筋麵粉後，進烤箱，以上火 230℃、下火 190℃烘烤 8 分鐘，並按蒸氣 2 秒。

15

出爐後震盤拿出

[麵團製作]

慢速攪拌
2 min.

快速攪拌
8 min.

出缸麵溫
22℃

麵團分割
250 g

發酵溫度
32℃

發酵濕度
75%

EUROPEAN SOFT BREAD

黑眼豆豆

🔥 上火 230℃　　🔥 下火 190℃　　🕐 時間 7min.　　▽ 蒸氣 2sec.

材料

[黑眼豆豆餡]

卡士達醬	300 克
巧克力醬	150 克
耐烘烤巧克力豆	200 克

[麵團]

高筋麵粉	1000 克
可可粉	20 克
膳食纖維粉	40 克
細砂糖	90 克
低鈉鹽	8 克
湯種	100 克
水	700 克
巧克力醬	150 克
耐烘烤巧克力豆	150 克
新鮮酵母 24 克／乾酵母 12 克	

事先準備：

- **卡士達醬**／ P.24 做法。

- **黑眼豆豆餡**／將卡士達醬、巧克力醬和耐烘烤巧克力豆混合均勻即可。

做法

1

將高筋麵粉、乾酵母、可可粉、膳食纖維粉、鹽、湯種和細砂糖倒入鋼盆中，再加入水和巧克力醬。先慢速攪拌 2 分鐘，再快速攪拌約 8 分鐘。

2

當麵筋擴展後加入耐烘烤巧克力豆，攪拌均勻。

3

取出麵團移到撒好高筋麵粉的烤盤上，讓麵團自然展開。

4

放進發酵箱，以溫度 32℃、相對濕度 75% 發酵 40 分鐘，當麵團漲到 2 倍大時取出。

5

分割麵團，每顆 60 克。

6

收口滾成圓形。

[麵團製作]

慢速攪拌
2 min.
快速攪拌
8 min.

出缸麵溫
22℃

麵團分割
60g

發酵溫度
32℃
發酵濕度
75%

7

麵團依序排入烤盤上，放進發酵箱，以溫度 32℃、相對濕度 75% 發酵 40 分鐘後取出。

8

桌面撒些高筋麵粉，拿一個放在桌面上，用手輕拍，排出氣體。

9

將黑眼豆豆餡裝入擠花袋，擠在麵團中間。

10

將收口捏緊。

11

將麵團放在烤盤上，放進發酵箱，以溫度 32℃、相對濕度 75% 發酵 40 分鐘。然後放進烤箱，以上火 230℃、下火 190℃ 烘烤 7 分鐘，並按蒸氣 2 秒。

12

出爐後震盤拿出。

PART 2

撒粉類
藝術
裝飾麵包

EUROPEAN SOFT BREAD

熔岩巧克力

🔥 上火 230℃　🔥 下火 190℃　🕐 時間 8min.　🌬 蒸氣 2sec.

材料

[麵團]

高筋麵粉	1000 克
可可粉	20 克
膳食纖維粉	40 克
細砂糖	90 克
低鈉鹽	8 克
湯種	100 克
水	700 克
巧克力醬	150 克
耐烘烤巧克力豆	250 克
新鮮酵母 24 克／乾酵母 12 克	

做法

1
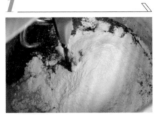
將高筋麵粉、乾酵母、膳食纖維粉、鹽、湯種、細砂糖和可可粉倒入鋼盆中，再加入水和巧克力醬。先慢速攪拌 2 分鐘，再快速攪拌約 8 分鐘。

2

當麵筋擴展後加入耐烘烤巧克力豆，攪拌均勻。

3

取出麵團移至烤盤上，放進發酵箱，以溫度 32℃、相對濕度 75% 發酵約 40 分鐘，當麵團漲到 2 倍大時取出。

4

分割麵團，每顆 250 克。

5

用手輕拍麵團，排出 1/3 的氣體。

6

收口成圓形，從收口處捏緊。

慢速攪拌
2 min.
快速攪拌
8 min.

出缸麵溫
22℃

麵團分割
250 g

發酵溫度
32℃
發酵濕度
75%

7

麵團依序排入烤盤上，放進發酵箱，以溫度 32℃、相對濕度 75% 發酵 40 分鐘後取出。

8

桌面撒些高筋麵粉，拿一個放在桌面上，用手輕拍排出氣體。

9

折 1/3 到中間，按緊。

10

收成橄欖形。

11

將麵團放在墊有耐高溫布的網盤架上，放進發酵箱，以溫度 32℃、相對濕度 75% 發酵 40 分鐘。

12

表面撒上高筋麵粉，從中間剪開一刀，長度約 2.5 公分。放進烤箱，以上火 230℃、下火 190℃烘烤 8 分鐘，並按蒸氣 2 秒。

13

出爐後震盤拿出。

EUROPEAN SOFT BREAD

雷神巧克力

🔥 上火 230℃　🔥 下火 210℃　🕐 時間 17min.　▽ 蒸氣 3sec.

材料

[雷神巧克力餡]

奶油起司	250 克
卡士達醬	250 克
巧克力醬	150 克
細砂糖	100 克
耐烘烤巧克力豆	200 克

[麵團]

高筋麵粉	1000 克
可可粉	15 克
竹炭粉	8 克
膳食纖維粉	40 克
細砂糖	60 克
低鈉鹽	6 克
湯種	100 克
水	730 克
巧克力醬	150 克
新鮮酵母 24 克／乾酵母 12 克	

事先準備

- **卡士達醬**／同 P.24 做法。

- **雷神巧克力餡**／先將奶油起司與細砂糖混合拌勻，再加入卡士達醬和巧克力醬混合拌勻，最後加入耐烘烤巧克力豆拌勻即可。

做法

1
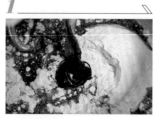
將麵團所有材料倒入鋼盆中，先慢速攪拌 2 分鐘，再快速攪拌約 7 分鐘至形成麵筋。

2

取出麵團移至烤盤上，放進發酵箱，以溫度 32℃相對濕度 75% 發酵 40 分鐘，當麵團漲到 2 倍大時取出。

3

分割麵團，一顆 190 克和一顆 110 克為一組。

4

將兩種麵團都收成圓形，依序排入烤盤上，再放進發酵箱，以溫度 32℃、相對濕度 75% 發酵 40 分鐘後取出。

5
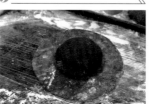
將 110 克小麵團擀成厚度一致的圓形，將 190 克麵團放在麵皮上。

6

將底下的麵皮均勻地沿著上面的大圓麵團切斷，上下左右共切 8 刀。

7

把底下的麵皮依順序拉到上面大圓麵團中間，每次拉一塊並按住，最後一塊麵皮拉至上面時，大拇指黏些高筋麵粉從中心按壓。

8

將麵團放在墊有耐高溫布的網盤架上，放進發酵箱，以溫度 32℃、相對濕度 75% 發酵 40 分鐘。

9

麵團表面撒上高筋麵粉後，放進烤箱，以上火 230℃、下火 210℃ 烘烤 17 分鐘，並按蒸氣 3 秒。

10

出爐後震盤拿出，待 40 分鐘麵包冷卻，以鋸齒刀從中間切開。

11

將雷神巧克力餡裝入擠花袋，擠在切開的麵包中間即完成。

[麵團製作]

慢速攪拌
2 min.
快速攪拌
7 min.

出缸麵溫
22℃

麵團分割
190g 和 110g

發酵溫度
32℃
發酵濕度
75%

EUROPEAN SOFT BREAD

酒釀荔枝玫瑰

🔥 上火 220℃　　🔥 下火 210℃　　🕐 時間 18min.　　♨ 蒸氣 2sec.

材料

[麵團]

高筋麵粉	960 克
膳食纖維粉	40 克
細砂糖	60 克
低鈉鹽	8 克
湯種	50 克
米酒種	100 克
水	650 克
蜂蜜玫瑰醬	100 克
奶油	20 克
荔枝乾	200 克
新鮮酵母 24 克／乾酵母 12 克	

做法

1

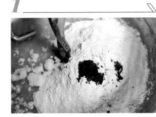

將高筋麵粉、乾酵母、膳食纖維粉、鹽、湯種、米酒種、細砂糖、玫瑰醬和水倒入鋼盆中,先慢速攪拌 2 分鐘,再快速攪拌約 8 分鐘。

2

當麵筋擴展後加入奶油,改以慢速把奶油攪拌均勻,使整個奶油被麵團吸收。

3

加入荔枝乾,攪拌均勻。

4

取出麵團移至烤盤上,放進發酵箱,以溫度 32℃、相對濕度 75% 發酵 40 分鐘,當麵團漲到 2 倍大時取出。

5

分割麵團,每顆 380 克。

6

收成圓形。

[麵團製作]

慢速攪拌
2 min.
快速攪拌
8 min.

出缸麵溫
25℃

麵團分割
380g

發酵溫度
32℃
發酵濕度
75%

7

麵團依序排入烤盤上，放進發酵箱，以溫度 32℃、相對濕度 75% 發酵 40 分鐘後取出。

8

桌面撒些高筋麵粉，拿一個放在桌面上，用手輕拍麵團，排出 2/3 的氣體。

9

收成圓形，並將收口處按緊。

10

麵團依序排入烤盤上，放進發酵箱，以溫度 32℃、相對濕度 75% 發酵 40 分鐘。

11

麵團表面用花紋圖案的紙撒上高筋麵粉後，直接進烤箱，以上火 220℃、下火 210℃烘烤 18 分鐘，並按蒸氣 2秒。

12

出爐後震盤拿出。

酒釀桂圓

🔥 上火 220℃　　🔥 下火 200℃　　🕐 時間 18min.　　 蒸氣 3sec.

材料

[酒釀桂圓乾]

桂圓乾	200 克
紅酒	150 克

[麵團]

高筋麵粉	960 克
膳食纖維素粉	40 克
細砂糖	50 克
低鈉鹽	10 克
湯種	80 克
葡萄種	80 克
水	300 克
全脂牛奶	200 克
葡萄酒	200 克
酒釀桂圓乾	200 克
新鮮酵母 24 克／乾酵母 12 克	

事先準備

- **酒釀桂圓乾**／將法國紅酒倒入桂圓乾中，以小火慢慢加熱至紅酒完全浸入桂圓乾中且汁收乾，放置冷卻。

做法

1
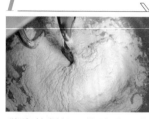
將高筋麵粉、乾酵母、膳食纖維粉、鹽、湯種、葡萄種、細砂糖、水、全脂牛奶和葡萄酒倒入鋼盆中，先慢速攪拌 2 分鐘，再快速攪拌約 9 分鐘。

2

當麵筋擴展後加入冷卻後的桂圓乾，攪拌均勻。

3

取出麵團移至烤盤上，放進發酵箱，以溫度 32℃、相對濕度 75% 發酵 40 分鐘，當麵團漲到 2 倍大時取出。

4

分割麵團，每顆 330 克。將收口調整成圓形。

5

麵團依序放在烤盤上，放進發酵箱，以溫度 32℃、相對濕度 75% 發酵 40 分鐘後取出。

6

桌面撒些高筋麵粉，拿一個放在桌面上，用手輕拍排出氣體。

7

調整麵團形狀，最後收成圓形。

8

每個烤盤放 3 個麵團，放進發酵箱，以溫度 32℃、相對濕度 75% 發酵 40 分鐘。

9

麵團表面用花紋圖案的紙撒上高筋麵粉後，直接進烤箱，以上火 220℃、下火 200℃ 烘烤時間 18 分鐘，並按蒸氣 3 秒。

10

出爐後震盤拿出。

 EUROPEAN SOFT BREAD

酒釀流沙

 上火 230℃　　 下火 190℃　　🕐 時間 9min.　　 蒸氣 2sec.

材料

[流沙餡]

雞蛋	140 克
細砂糖	100 克
玉米澱粉	45 克
全脂奶粉	45 克
杏仁粉	20 克
動物性鮮奶油	80 克
全脂牛奶	80 克
奶油	30 克
鹹鴨蛋黃泥	100 克

[麵團]

高筋麵粉	960 克
膳食纖維粉	40 克
細砂糖	70 克
低鈉鹽	8 克
湯種	100 克
米酒種	100 克
水	700 克
奶油	20 克
新鮮酵母 24 克／乾酵母 12 克	

[表面裝飾]

起司片	適量

事先準備：

- **流沙餡**／先將雞蛋和 70 克細砂糖攪拌均勻後，加入玉米澱粉、全脂奶粉、杏仁粉拌勻後成麵糊 A，備用。將鮮奶油、全脂牛奶、30 克細砂糖和奶油混合均勻，以小火加熱至沸騰後，倒入麵糊 A 拌勻，再加入煮熟的鹹鴨蛋黃泥拌勻，以小火加熱至呈濃稠狀即可。

做法

1

將高筋麵粉、乾酵母、膳食纖維粉、鹽、湯種、米酒種、細砂糖和水倒入鋼盆中，先慢速攪拌 2 分鐘，再快速攪拌約 9 分鐘。

2

當麵筋擴展後加入奶油，改以慢速把奶油攪拌均勻，使整個奶油被麵團吸收。

3

取出麵團移至烤盤上，放進發酵箱，以溫度 32℃、相對濕度 75% 發酵 40 分鐘，當麵團漲到 2 倍大時取出。

4

分割麵團，每顆 230 克。

5

用手輕拍麵團，排出 1/3 的氣體。

6

從上收 1/3 到中間，按緊。

7

用手從一個方向推壓收口。

8

從中間均勻地往兩邊搓成一個長條狀，長度約 40 公分。

慢速攪拌
2 min.

快速攪拌
9 min.

出缸麵溫
25℃

麵團分割
230g

發酵溫度
32℃

發酵濕度
75%

9

依序排入烤盤上,放進發酵箱,以溫度 32℃、相對濕度 75% 發酵 40 分鐘後取出。

10

桌面撒些高筋麵粉,拿一個放在桌面上,用手輕拍排出氣體。

11

將流沙餡裝入擠花袋,擠在麵團中間。

12

收口依序捏緊。

13

將麵團調整成圖中的形狀,移至墊有耐高溫布的網盤架上,放進發酵箱,以溫度 32℃、相對濕度 75% 發酵 40 分鐘後取出。

14

麵團表面蓋上起司片,直接進烤箱,以上火 230℃、下火 190℃烘烤 9 分鐘,並按蒸氣 2 秒。

15

出爐後震盤拿出。

EUROPEAN SOFT BREAD

榴槤芒果

 上火 230℃ 下火 200℃ 時間 8min. 蒸氣 2sec.

材料

[榴槤芒果餡]

榴槤奶露	125 克
奶油起司	125 克
細砂糖	60 克
榴槤果肉	250 克

[麵團]

高筋麵粉	980 克
芒果粉	100 克
膳食纖維粉	40 克
細砂糖	60 克
低鈉鹽	8 克
湯種	100 克
水	720 克
芒果奶露	100 克
奶油	20 克
新鮮酵母 24 克／乾酵母 12 克	

事先準備

- **榴槤芒果餡**／將奶油起司與細砂糖混勻後，加入榴槤奶露與榴槤果肉拌勻即可。

做法

1

將高筋麵粉、乾酵母、膳食纖維粉、芒果粉、鹽、湯種、細砂糖、水和芒果奶露倒入鋼盆中，先慢速攪拌 2 分鐘，再快速攪拌約 8 分鐘。

2

當麵筋擴展後加入奶油，改以慢速把奶油攪拌均勻，使麵團柔軟。

3

取出麵團移至烤盤上，放進發酵箱，以溫度 32℃、相對濕 75% 發酵 40 分鐘，當麵團漲到 2 倍大時取出。

4

分割麵團，每顆 250 克。

5

用手輕拍麵團，排出 1/3 的氣體。

6

從上收 1/3 到中間，按緊。

7

從下收 1/3 到中間，按緊。

8

用手從一個方向推壓收口。

9

從中間均勻地往兩邊搓成一個長條狀，長度約 40 公分。

10

依序排入烤盤上，放進發酵箱，以溫度 32℃、相對濕度 75% 發酵 40 分鐘後取出。

11

桌面撒些高筋麵粉，拿一個放在桌面上，用手輕拍排出氣體。

12

將榴槤芒果餡裝入擠花袋，擠在麵團中間。

13

收口依序收緊。

14

將麵團盤繞成圖中的形狀，放在墊有耐高溫布的網盤架上，放進發酵箱，以溫度 32℃、相對濕度 75% 發酵 40 分鐘。

15

在麵團表面撒上高筋麵粉，邊緣處剪上 2 刀。然後進烤箱，以上火 230℃、下火 200℃烘烤 8 分鐘，並按蒸氣 2 秒。出爐後震盤拿出。

[麵團製作]

慢速攪拌
2 min.

快速攪拌
8 min.

出缸麵溫
25℃

麵團分割
250 g

發酵溫度
32℃

發酵濕度
75%

EUROPEAN SOFT BREAD

超級榴槤王

 上火 230℃   下火 200℃   🕐 時間 8min.   🜲 蒸氣 2sec.

材料

[榴槤餡]

榴槤奶露	125 克
奶油起司	125 克
細砂糖	60 克
榴槤果肉	250 克

[裝飾]

奶油	100 克
細砂糖	100 克
高筋麵粉	200 克

[麵團]

高筋麵粉	1000 克
膳食纖維粉	40 克
細砂糖	80 克
低鈉鹽	8 克
湯種	100 克
水	750 克
奶油	20 克
新鮮酵母 24 克／乾酵母 12 克	

事先準備：

- **榴槤餡**／將奶油起司與細砂糖混合拌勻後，加入榴槤奶露與榴槤果肉拌勻即可。
- **裝飾**／將所有裝飾材料混合，用手抓均勻成酥粒。

做法

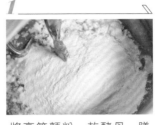

1 將高筋麵粉、乾酵母、膳食纖維粉、鹽、湯種、細砂糖和水倒入鋼盆中，先慢速攪拌 2 分鐘，再快速攪拌約 8 分鐘。

2 當麵筋擴展後加入奶油，改以慢速把奶油攪拌均勻，使整個奶油被麵團吸收。

3 取出麵團移至烤盤，放進發酵箱，以溫度 32℃、相對濕度 75% 發酵約 40 分鐘，當麵團漲到 2 倍大時取出。

4 分割麵團，每顆 230 克。

5 用手輕拍麵團，排出 1/3 的氣體。

6 兩手用力均勻，從上向下收麵團，按緊收口。

7

從上收 1/3 到中間，按緊。

8

用手從一個方向推壓收口。

9

從中間均勻地往兩邊搓成一個長條狀，長度約 40 公分。

10

依序放在烤盤上，放進發酵箱，以溫度 32℃、相對濕度 75% 發酵 40 分鐘後取出。

11

桌面撒些高筋麵粉，拿一個放在桌面上，用手輕拍排出氣體。

12

將榴槤餡裝入擠花袋，擠在麵團中間。

13

收口依序收緊。

14

將長條麵團對折，並交叉盤起。

15

調整好形狀之後，麵團表面先沾水，再黏上酥粒。

16

將麵團放在墊有耐高溫布的網盤架上，放進發酵箱，以溫度 32℃、相對濕度 75% 發酵 40 分鐘。

17

麵團表面撒上高筋麵粉後，放進烤箱，以上火 230℃、下火 200℃烘烤 8 分鐘，並按蒸氣 2 秒。

18

出爐後震盤拿出。

[麵團製作]

慢速攪拌
2 min.
快速攪拌
8 min.

出缸麵溫
25℃

麵團分割
230 g

發酵溫度
32℃
發酵濕度
75%

EUROPEAN SOFT BREAD

菠蘿蜜麵包

 上火 230℃　　 下火 190℃　　 時間 13min.　　 蒸氣 2sec.

材料

[奶油夾心餡]

植物奶油	350 克
動物性鮮奶油	150 克
咖啡酒	5 克

[表面裝飾]

菠蘿片	1 片（切成 6 個）
防潮糖粉	適量

[菠蘿蜜酥粒]

奶油	100 克
細砂糖	50 克
菠蘿粉	50 克
高筋麵粉	200 克

[麵團]

高筋麵粉	980 克
菠蘿粉	50 克
膳食纖維粉	40 克
細砂糖	40 克
低鈉鹽	8 克
湯種	100 克
水	700 克
奶油	30 克
菠蘿果餡	100 克
新鮮酵母 24 克／乾酵母 12 克	

事先準備：

- **奶油夾心餡**／將植物性奶油和鮮奶油打發到 7 成時，加入咖啡酒拌勻。

- **菠蘿蜜酥粒**／將所有酥粒材料混合，用手抓均勻成菠蘿蜜酥粒。

做法

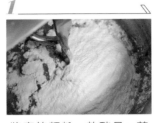

1. 將高筋麵粉、乾酵母、菠蘿粉、膳食纖維粉、鹽、湯種和細砂糖倒入鋼盆中，再加入水，先慢速攪拌 2 分鐘，再快速攪拌約 8 分鐘。

2. 當麵筋擴展後加入奶油，改以慢速把奶油攪拌均勻，使整個奶油被麵團吸收。

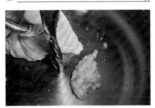

3. 加入菠蘿果餡，攪拌均勻。

4. 取出麵團移在烤盤上，放進發酵箱，以溫度 32℃、相對濕度 75% 發酵約 40 分鐘，當麵團漲到 2 倍大時取出。

5. 分割麵團，每顆 200 克。

6. 用手輕拍麵團，排出 1/3 的氣體。

[麵團製作]

慢速攪拌
2 min.
快速攪拌
8 min.

出缸麵溫
25℃

麵團分割
200 g

發酵溫度
32℃
發酵濕度
75%

7

從上收 1/3 到中間，按緊。

8

用手從一個方向推壓收口。

9

從中間均勻地往兩邊搓成一個長條狀，長度約 30 公分。麵團表面在濕毛巾上均勻沾水，再黏上菠蘿蜜酥粒。

10

將長條麵團放在墊有耐高溫布的網盤架上，放進發酵箱，以溫度 32℃、相對濕度 75% 發酵 40 分鐘後，直接進烤箱，以上火 230℃、下火 190℃烘烤 13 分鐘，並按蒸氣 2 秒。

11

將麵包從中間切開，把奶油擠在中間，最後放上切好的菠蘿片，撒上糖粉。

起司紅龍果

 上火 230℃   下火 200℃   時間 8min.    蒸氣 2sec.

材料

[起司火龍果餡]

奶油起司	200 克
細砂糖	100 克
煉乳	10 克

[麵團]

高筋麵粉	700 克
蛋糕專用粉	300 克
膳食纖維粉	40 克
細砂糖	60 克
低鈉鹽	8 克
湯種	100 克
水	700 克
紅龍果粉	60 克
奶油	20 克
新鮮酵母 24 克／乾酵母 12 克	

事先準備

▪ **起司火龍果餡**／將奶油起司
 與細砂糖拌勻後，加入煉乳
 拌勻即可。

做法

1

將水倒入紅龍果粉中，混
合均勻備用。

2
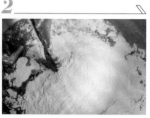
將高筋麵粉、蛋糕專用粉、
乾酵母、膳食纖維粉、鹽、
湯種、細砂糖倒入做法 1，
先慢速攪拌 2 分鐘，再快
速攪拌 8 分鐘左右。

3
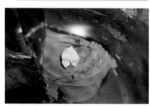
當麵筋擴展後加入奶油，
改以慢速把奶油攪拌均勻，
使整個奶油被麵團吸收。

4

取出麵團放在烤盤上，放進
發酵箱，以溫度 32℃、相
對濕度 75% 發酵 40 分鐘，
當麵團漲到 2 倍大時取出。

5

分割麵團，每顆 230 克。
用手輕拍麵團，排出 1/3 的
氣體。

6

從上收 1/3 到中間，按緊。

7

再從下收 1/3 到中間，按
緊。

8

用手從一個方向推壓收口。

9

從中間均勻地往兩邊搓成一個長條狀,長度約 40 公分。

10

依序排入烤盤上,放進發酵箱,以溫度 32℃、相對濕度 75% 發酵 40 分鐘後取出。

11

桌面撒些高筋麵粉,拿一個放在桌面上,用手輕拍排出氣體。

12

將起司火龍果餡裝入擠花袋,擠在麵團中間。

13

收口依序收緊。

14

從頭開始捲起,另一頭也捲起,呈一頭大一頭小的狀態。

15

將麵團放在墊有耐高溫布的網盤架上,放進發酵箱,以溫度 32℃、相對濕度 75% 發酵 40 分鐘。

16

麵團表面撒上高筋麵粉後,在小的一頭剪 2 刀,直接進烤箱,以上火 230℃、下火 200℃烘烤 8 分鐘,並按蒸氣 2 秒。出爐後震盤拿出。

[麵團製作]

慢速攪拌
2 min.

快速攪拌
8 min.

出缸麵溫
25℃

麵團分割
230 g

發酵溫度
32℃

發酵濕度
75%

Oreo 夾心

🔥 上火 230℃　🔥 下火 200℃　🕐 時間 13min.　🥖 蒸氣 2sec.

材料

[奶油夾心餡]
植物奶油　　　　　350 克
動物性鮮奶油　　　150 克
咖啡酒　　　　　　　5 克

[表面裝飾]
Oreo 餅乾、防潮糖粉　各適量

[Oreo 夾心酥粒]
奶油　　　　　　　100 克
細砂糖　　　　　　 50 克
高筋麵粉　　　　　200 克
可可粉　　　　　　 10 克
竹炭粉　　　　　　　4 克

[麵團]
高筋麵粉　　　　　1000 克
可可粉　　　　　　 15 克
竹炭粉　　　　　　　8 克
膳食纖維粉　　　　 40 克
細砂糖　　　　　　 50 克
低鈉鹽　　　　　　　8 克
湯種　　　　　　　100 克
水　　　　　　　　700 克
巧克力醬　　　　　150 克
耐烘烤巧克力豆　　200 克
新鮮酵母 24 克／乾酵母 12 克

事先準備：

▪ 奶油夾心餡／將植物性奶油和鮮奶油打發到 7 成時，加入咖啡酒攪拌均勻。

▪ Oreo 夾心酥粒／將所有酥粒材料混合，用手抓均勻即可。

做法

1
將高筋麵粉、乾酵母、膳食纖維粉、可可粉、竹炭粉、鹽、湯種、細砂糖、水和巧克力醬倒入鋼盆中，先慢速攪拌 2 分鐘，再快速攪拌約 8 分鐘。

2
加入耐烘烤巧克力豆，攪拌均勻。

3
取出揉好的麵團移至烤盤上，放進發酵箱，以溫度 32℃、相對濕度 75% 發酵約 40 分鐘，當麵團漲到 2 倍大時取出。

4
分割麵團，每顆 200 克。

5
用手輕拍麵團，排出 1/3 的氣體。

6
從上收 1/3 到中間，按緊。

慢速攪拌
2 min.

快速攪拌
8 min.

出缸麵溫
25℃

麵團分割
200 g

發酵溫度
32℃

發酵濕度
75%

7

用手從一個方向推壓收口。

8

從中間均勻地往兩邊搓成一個長條狀,長度約 30 公分

9

長條麵團表面在濕毛巾上均勻沾水,再黏上酥粒。

10

將麵團放在墊有耐高溫布的網盤架上,放進發酵箱,以溫度 32℃、相對濕度 75% 發酵 40 分鐘後,直接進烤箱,以上火 230℃、下火 200℃烘烤 13 分鐘,並按蒸氣 2 秒。

11

待麵包 40 分鐘冷卻後,從中間切開。

12

將奶油夾心裝在擠花袋中,擠在麵包正中間,斜放 Oreo 餅乾,表面撒上糖粉。

EUROPEAN SOFT BREAD

巧克力起司

 上火 230℃　 下火 200℃　🕐 時間 8min.　 蒸氣 2sec.

材料

[巧克力起司餡]

奶油起司	200 克
細砂糖	100 克
煉乳	10 克
耐烘烤巧克力豆	100 克

[麵團]

高筋麵粉	1000 克
可可粉	20 克
膳食纖維粉	40 克
細砂糖	90 克
低鈉鹽	8 克
湯種	100 克
水	700 克
巧克力醬	150 克
耐烘烤巧克力豆	150 克
藍姆葡萄乾	100 克
新鮮酵母 24 克／乾酵母 12 克	

事先準備

- **藍姆葡萄乾**／將 10 克藍姆酒倒入切碎的葡萄乾裡，浸泡約 10 分鐘。

- **巧克力起司餡**／將奶油起司與細砂糖攪拌拌勻後，加入煉乳、耐烘烤巧克力豆，攪拌均勻即可。

做法

1
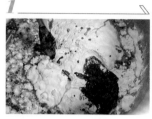
將高筋麵粉、乾酵母、膳食纖維粉、可可粉、鹽、湯種、細砂糖、水和巧克力醬倒入鋼盆中，先慢速攪拌 2 分鐘，再快速攪拌約 8 分鐘。

2

加入耐烘烤巧克力豆和藍姆葡萄乾，攪拌均勻。

3

取出揉好的麵團放在烤盤上，放進發酵箱，以溫度 32℃、相對濕度 75% 發酵約 40 分鐘，當麵團漲到 2 倍大時取出。

4

分割麵團，每顆 230 克。用手輕拍麵團，排出 1/3 的氣體。

5

從上收 1/3 到中間，按緊。

6

用手從上向下壓，收口與底部介面重合。

7

從中間均勻地往兩邊搓成一個長條狀，長度約 40 公分。

8

依序放在烤盤上，放進發酵箱，以溫度 32℃、相對濕度 75% 發酵 40 分鐘後取出。

9

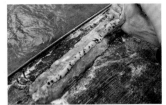

桌面撒些高筋麵粉，拿一個放在桌面上，用手輕拍排出氣體。

10

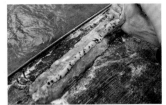

將巧克力起司餡裝入擠花袋，擠在麵團中間。

11

收口依序收緊。

12

將長條麵團交叉纏繞。

13

從上面把麵團壓住下面的兩隻腳。

14

將麵團放在墊有高溫布的網盤架上，放進發酵箱，以溫度 32℃、相對濕度設為 75% 發酵 40 分鐘。

15

麵團表面撒上高筋麵粉後，放進烤箱，以上火 230℃、下火 200℃ 烘烤 8 分鐘，並按蒸氣 2 秒。

16

出爐後震盤拿出。

檸香起司

 上火 230℃　 下火 190℃　 時間 12min.　 蒸氣 2sec.

材料

[檸香起司餡]

奶油起司	600 克
檸檬粉	50 克
細砂糖	200 克
煉乳	30 克
檸檬絲	2 克

[麵團]

高筋麵粉	1000 克
檸檬粉	50 克
膳食纖維粉	40 克
細砂糖	60 克
低鈉鹽	8 克
湯種	100 克
水	700 克
奶油	30 克
檸檬絲	3 克
檸檬乾	100 克
新鮮酵母 24 克／乾酵母 12 克	

事先準備：

- **檸香起司餡**／將奶油起司與
  細砂糖拌勻後，加入煉乳、
  檸檬絲、檸檬粉拌勻即可。

做法

1. 將高筋麵粉、乾酵母、膳食纖維粉、檸檬粉、鹽、湯種和細砂糖倒入水中，先慢速攪拌 2 分鐘，再快速攪拌約 8 分鐘。

2. 當麵筋擴展後加入奶油，改以慢速把奶油攪拌均勻，使整個奶油被麵團吸收。

3. 取 320 克麵團備用，剩下的麵團加入檸檬絲、檸檬乾拌勻。

4. 將揉好的麵團移至烤盤上，放進發酵箱，以溫度 32℃、相對濕度 75% 發酵約 40 分鐘，當麵團漲到 2 倍大時取出。

5. 分割麵團，小麵團每顆 20 克，大麵團每顆 160 克。

6. 將 160 克的麵團收圓。

7

將 20 克的麵團滾圓，放進發酵箱，以溫度 32℃、相對濕度 75% 發酵 40 分鐘，當麵團漲到 2 倍大時取出。

8

用手輕拍麵團，排出 1/3 的氣體，將檸香起司餡裝入擠花袋中，擠在中間。

9

收口整成圓形。

10

將 20 克小麵團搓成長條形。

11

將包餡麵團擀平。

12

把 2 個 20 克的長條形麵團中間纏繞在一起，把包餡的麵團放在上面。

13

背上四個頭兩兩交叉。

14

後面收口捏緊，再翻過來。

15

將麵團放在墊有耐高溫布的網盤架上，放進發酵箱，以溫度 32℃、相對濕度 75% 發酵 40 分鐘後，表面撒些高筋麵粉。

16

進烤箱，以上火 230℃、下火 190℃烘烤 12 分鐘，並按蒸氣 2 秒。

17

出爐後震盤拿出。

[麵團製作]

慢速攪拌
2 min.
快速攪拌
8 min.

出缸麵溫
25℃

麵團分割
20g×2 和
160g

發酵溫度
32℃
發酵濕度
75%

三色糯

🔥 上火 230℃　　🔥 下火 190℃　　🕐 時間 11min.　　 蒸氣 2sec.

材料

[紅豆麻糬餡]

牛奶	150 克
動物性鮮奶油	50 克
細砂糖	50 克
奶油	10 克
糯米粉	80 克
玉米粉	30 克
紅豆粒	100 克

[白波紋皮]

麵包粉	60 克
蛋糕專用粉	80 克
杏仁粉	50 克
糖粉	50 克
奶油	120 克

[綠波紋皮]

麵包粉	60 克
蛋糕專用粉	80 克
杏仁粉	50 克
糖粉	40 克
奶油	120 克
螺旋藻粉	10 克

[紅波紋皮]

麵包粉	60 克
蛋糕專用粉	80 克
杏仁粉	50 克
糖粉	40 克
奶油	120 克
紅麴米粉	10 克

[麵團]

麵包粉	1000 克
膳食纖維粉	40 克
細砂糖	80 克
低鈉鹽	8 克
湯種	100 克
水	700 克
奶油	30 克
新鮮酵母 24 克／乾酵母 12 克	

做法

1 將麵包粉、乾酵母、膳食纖維粉、鹽、湯種和細砂糖倒入水中,先慢速攪拌 2 分鐘,再快速攪拌約 8 分鐘。

2 當麵筋擴展後加入奶油,改以慢速把奶油攪拌均勻,使整個奶油被麵團吸收。

3 取出麵團移至烤盤上,放進發酵箱,以溫度 32℃、相對濕度 75% 發酵約 40 分鐘,當麵團漲到 2 倍大時取出。

4 分割麵團,每顆 70 克。

事先準備:

- **紅豆麻糬餡／**將牛奶、鮮奶油、細砂糖和奶油一起隔水加熱至奶油與細砂糖融化後,加入糯米粉和玉米粉拌勻,再加入紅豆粒拌勻,蓋上保鮮膜備用。

- **白波、綠波、紅波麵皮／**將麵皮的材料各別混合,用手抓均勻後,分成每個 25 克的小麵團並搓圓,放到烤盤上備用。

慢速攪拌
2 min.

快速攪拌
8 min.

出缸麵溫
25℃

麵團分割
3 × 70g

發酵溫度
32℃

發酵濕度
75%

裝飾部分
25g × 3

5

收成圓形。

6

依序排入烤盤上,放進發酵箱,以溫度 32℃、相對濕度 75% 發酵 40 分鐘後取出。

7

桌面撒些高筋麵粉,拿一個放在桌面上,用手輕拍排出氣體

8

將紅豆麻糬餡裝入擠花袋,擠在麵團中間,製作 3 個。

9

將麵團收口並調成圓形。

10

用手將三色麵皮壓平,蓋在包好餡料的麵團上。

11

將麵團放在墊有耐高溫布的網盤架上,放進發酵箱,以溫度 32℃、相對濕度 75% 發酵 40 分鐘後,在麵團表面撒上高筋麵粉,直接進烤箱,

12

以上火 230℃、下火 190℃ 烘烤 11 分鐘,並按蒸氣 2 秒。出爐後震盤拿出。

芒果起司

 上火 230℃　　 下火 210℃　　 時間 11min.　　 蒸氣 2sec.

材料

[芒果起司餡]

奶油起司	600 克
芒果粉	100 克
細砂糖	300 克
煉乳	30 克

[麵團]

高筋麵粉	1000 克
芒果粉	50 克
膳食纖維粉	40 克
細砂糖	60 克
低鈉鹽	8 克
湯種	100 克
水	720 克
奶油	30 克
芒果乾	100 克
新鮮酵母 24 克／乾酵母 12 克	

事先準備

- **芒果起司餡**／將奶油起司與細砂糖混合拌勻後，加入煉乳、芒果粉攪拌均勻即可。

做法

1
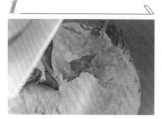
將高筋麵粉、乾酵母、膳食纖維粉、芒果粉、鹽、湯種和細砂糖倒入水中，先慢速攪拌 2 分鐘，再快速攪拌約 8 分鐘。

2

當麵筋擴展後加入奶油，改以慢速將奶油攪拌均勻，使整個奶油被麵團吸收，加入芒果乾，攪拌均勻。

3

取出揉好的麵團移至烤盤上，放進發酵箱，以溫度 32℃、相對濕度 75% 發酵約 40 分鐘，當麵團漲到 2 倍大時取出。

4

分割麵團，每顆 250 克。

5

用手輕拍麵團，排出三 1/3 的氣體，並從上收 1/3 到中間，按緊。

6

用手從一個方向推壓收口。

7

從中間均勻地往兩邊搓成一個長條狀，長度約 40 公分。

8

用手輕拍麵團，排出 1/3 的氣體。

9

將芒果起司餡裝入擠花袋中，擠在麵團中間。

10

收口依序收緊。

11

將麵團放在撒了高筋麵粉的容器中，並在表面撒上高筋麵粉。

12

蓋上布或保鮮膜，發酵 40 分鐘。

13

進烤箱，以上火 230℃、下火 210℃烘烤 11 分鐘，並按蒸氣 2 秒。

14

出爐後震盤拿出，將切碎的芒果放正中間。

[麵團製作]

慢速攪拌
2 min.

快速攪拌
8 min.

出缸麵溫
25℃

麵團分割
250g

發酵溫度
32℃

發酵濕度
75%

榛果魔法棒

 上火 230℃ 下火 190℃ 時間 9min. 蒸氣 2sec.

材料

[榛巧醬]

奶油	150 克
糖粉	150 克
雞蛋	150 克
蛋糕專用粉	100 克
榛果粉	50 克
牛奶	10 克

[麵團]

高筋麵粉	1000 克
膳食纖維粉	40 克
可可粉	10 克
細砂糖	90 克
低鈉鹽	8 克
湯種	100 克
水	700 克
黑巧克力醬	100 克
耐烘烤巧克力豆	100 克
藍姆葡萄乾	50 克
新鮮酵母 24 克／乾酵母 12 克	

事先準備：

- **榛巧醬**／將奶油、牛奶和糖粉攪拌均勻後，倒入蛋液拌勻，最後加入榛果粉和蛋糕專用粉攪拌均勻即完成。

做法

1

將高筋麵粉、乾酵母、膳食纖維粉、可可粉、鹽、湯種、細砂糖、水和黑巧克力醬倒入鋼盆中，先慢速攪拌 2 分鐘，再快速攪拌約 8 分鐘。

2

加入耐烘烤巧克力豆和藍姆葡萄乾，攪拌均勻。

3

取出揉好的麵團移至烤盤上，放進發酵箱，以溫度 32℃、相對濕度 75% 發酵約 40 分鐘，當麵團漲到 2 倍大時取出。

4

分割麵團，每顆 230 克。用手輕拍麵團，排出 1/3 的氣體。

5

從上收 1/3 到中間，按緊。

6

用手從一個方向推壓收口。

慢速攪拌
2 min.

快速攪拌
8 min.

出缸麵溫
25℃

麵團分割
230g

發酵溫度
32℃

發酵濕度
75%

7

從中間均勻地往兩邊搓成一個長條狀，長度約 40 公分。

8

依序放在烤盤上，放進發酵箱，以溫度 32℃、相對濕度 75% 發酵 40 分鐘後拿出。

9

從一頭收口，壓緊下面。依序向後推。

10

搓成細長條狀並對折，兩邊長度相同。

11

從上繞起，並捏緊收口處。將麵團放在墊有耐高溫布的網盤架上，放進發酵箱，以溫度 32℃、相對濕度 75% 發酵 40 分鐘。

12

將榛果醬裝入擠花袋中，擠在麵團表面上，並撒上耐烘烤巧克力豆。

13

進烤箱，以上火 230℃、下火 190℃烘烤 9 分鐘，並按蒸氣 2 秒。

14

出爐後震盤拿出。

EUROPEAN SOFT BREAD

起司大咖

 上火 230℃　　 下火 190℃　　 時間 8min.　　 蒸氣 2sec.

材料

[起司餡]

奶油起司	400 克
細砂糖	200 克
煉乳	20 克

[麵團]

高筋麵粉	1000 克
膳食纖維粉	40 克
細砂糖	80 克
低鈉鹽	8 克
湯種	100 克
水	650 克
煉乳	20 克
動物性鮮奶油	100 克
奶油	30 克
橙皮乾	150 克
新鮮酵母 24 克／乾酵母 12 克	

事先準備

- **起司餡**／將奶油起司與細砂糖混合拌勻後,加入煉乳拌勻即可。

做法

1

將高筋麵粉、乾酵母、膳食纖維粉、鹽、湯種、細砂糖、水、鮮奶油、煉乳倒入鋼盆中,先慢速攪拌 2 分鐘,再快速攪拌約 8 分鐘。

2

當麵筋擴展後加入奶油,改以慢速把奶油攪拌均勻,使整個奶油被麵團吸收。

3

加入橙皮乾,攪拌均勻。

4

取出麵團移至烤盤上,放進發酵箱,以溫度 32℃、相對濕度 75% 發酵約 40 分鐘,當麵團漲到 2 倍大時取出。

5

分割麵團,每顆 230 克。

6

用手輕拍麵團,排出 1/3 的氣體,並從上收 1/3 到中間,按緊。

7

用手從一個方向推壓收口。

8

從中間均勻地往兩邊搓成一個長條狀,長度約 40 公分。

[麵團製作]

慢速攪拌
2 min.
快速攪拌
8 min.

出缸麵溫
25℃

麵團分割
230 g

發酵溫度
32℃
發酵濕度
75 %

9

依序排入烤盤上，放進發酵箱，以溫度 32℃、相對濕度 75% 發酵 40 分鐘後取出。

10

桌面撒些高筋麵粉，拿一個放在桌面上，用手輕拍排出氣體。

11

將起司餡裝入擠花袋中，擠在中間。收口依序收緊。

12

將整形好的麵團盤繞一圈，兩頭向下收，合口，調成一個心形。

13

將麵團放在墊有耐高溫布的網盤架上，放進發酵箱，以溫度 32℃、相對濕度 75% 發酵 40 分鐘。

14

麵團表面用條紋紙撒上高筋麵粉後，放進烤箱，以上火 230℃、下火 190℃烘烤 8 分鐘，並按蒸氣 2 秒。

15

出爐後震盤拿出

南瓜蜜

 上火 220℃　 下火 210℃　🕐 時間 16min.　🥦 蒸氣 3sec.

材料

[麵團]

高筋麵粉	800 克
全麥麵包粉	200 克
膳食纖維粉	40 克
低鈉鹽	10 克
細砂糖	48 克
湯種	100 克
蒸熟的南瓜泥	450 克
動物性鮮奶油	100 克
水	200 克
蜂蜜	20 克
奶油	20 克
杏桃乾	200 克
新鮮酵母 24 克／乾酵母 12 克	

事先準備

- **南瓜泥**／將南瓜切片，蓋上鋁箔紙，以小火蒸約 25 分鐘。

做法

1

將高筋麵粉、全麥麵包粉、乾酵母、膳食纖維粉、鹽、湯種、蜂蜜、細砂糖、鮮奶油、水和蒸熟的南瓜泥倒入鋼盆中，先慢速攪拌 2 分鐘，再快速攪拌約 8 分鐘。

2

當麵筋擴展後加入奶油，改以慢速把奶油攪拌均勻，使整個奶油被麵團吸收。

3

取出 700 克麵團，用來做麵皮。剩下的 1300 克麵團加入杏桃乾，攪拌均勻。

4

將麵團移至烤盤上，放進發酵箱，以溫度 32℃、相對濕度 75% 發酵約 40 分鐘，當麵團漲到 2 倍大時取出。

5

分割麵團，原麵團每顆 100 克，加入杏桃乾的麵團每顆 200 克。

6

將麵團收成圓形，放進發酵箱，以溫度 32℃、相對濕度 75% 發酵 40 分鐘後取出。

7

將 100 克的麵團用擀麵棍擀成大橢圓狀。

8

將發酵好的 200 克麵團放在麵皮上，並在表面刷些水。

9

將兩邊的麵皮分別往中間收。

10

麵皮兩頭交叉，繞一圈，並將兩頭按在麵包結下面。

11

麵團依序排入烤盤上，放進發酵箱，以溫度 32℃、相對濕度 75% 發酵 40 分鐘後，在表面撒上高筋麵粉。

12

進烤箱，以上火 220℃、下火 210℃烘烤 16 分鐘，並按蒸氣 3 秒。

13

出爐後震盤拿出。

[麵團製作]

慢速攪拌
2 min.

快速攪拌
8 min.

出缸麵溫
25℃

麵團分割
100g 和 200g

發酵溫度
32℃

發酵濕度
75%

抹茶朵朵

 上火 220℃　　 下火 190℃　　 時間 10min.　　 蒸氣 2sec.

材料

[紅豆 Q 心餡]

糖漬紅豆	100 克
耐烘烤巧克力豆	100 克
Q 心餡	100 克

[抹茶酥粒]

奶油	100 克
細砂糖	200 克
抹茶粉	20 克
蛋糕專用粉	200 克

[麵團]

高筋麵粉	1000 克
膳食纖維粉	40 克
抹茶粉	15 克
細砂糖	70 克
低鈉鹽	8 克
湯種	100 克
水	750 克
奶油	20 克
新鮮酵母 24 克／乾酵母 12 克	

事先準備：

- **紅豆 Q 心餡**／糖漬紅豆、耐烘烤巧克力豆和 Q 心餡混合均勻，放入鋼盆中備用。

- **抹茶酥粒**／將奶油、糖、抹茶粉和蛋糕專用粉混合均勻，用手搓至沒有大顆粒後，倒入烤盤備用。

做法

1 將高筋麵粉、乾酵母、膳食纖維粉、鹽、抹茶粉、湯種和細砂糖倒入水中，先慢速攪拌 2 分鐘，再快速攪拌約 8 分鐘。

2 當麵筋擴展後加入奶油，改以慢速把奶油攪拌均勻，使整個奶油被麵團吸收。

3 取出麵團移至烤盤上，放進發酵箱，以溫度 32℃、相對濕度 75% 發酵約 40 分鐘，當麵團漲到 2 倍大時取出。

4 將麵團分成 1300 克和 700 克。大麵團分為每顆 150 克，小麵團每顆 70 克。

5 先收表面光滑的一面。

6 再將底部收口捏緊。

慢速攪拌
2 min.

快速攪拌
8 min.

出缸麵溫
25℃

麵團分割
70g 和 150g

發酵溫度
32℃

發酵濕度
75%

7

將大小麵團全部收圓,依序排入烤盤上,放進發酵箱,以溫度 32℃、相對濕度 75% 發酵 40 分鐘後取出。

8

將 70 克的小麵團用擀麵棍擀成一個圓形。150 克的大麵團包入紅豆 Q 心餡後,表面刷油、黏上抹茶酥粒,放到麵皮上。

9

將麵皮收口收緊。將麵團翻過來,正面朝上。

10

麵團依序排入烤盤上,放進發酵箱,以溫度 32℃、相對濕度 75% 發酵 40 分鐘後取出。

11

割開麵皮,再將 4 個角都切開。

12

8 個角全部往中間收,大拇指沾粉向下按。

13

麵團表面撒上高筋麵粉後,放進烤箱,以上火 220℃、下火 190℃烘烤 14 分鐘,並按蒸氣 2 秒。

14

出爐後震盤拿出。

EUROPEAN SOFT BREAD

抹茶起司圈

 上火 220℃   下火 190℃   時間 10min.   蒸氣 2sec.

材料

[抹茶起司圈餡]

奶油起司	400 克
奶粉	50 克
細砂糖	100 克
糖漬紅豆	150 克

[麵團]

高筋麵粉	1000 克
膳食纖維粉	40 克
抹茶粉	15 克
細砂糖	70 克
低鈉鹽	8 克
湯種	100 克
水	750 克
奶油	20 克
新鮮酵母 24 克／乾酵母 12 克	

事先準備

- **抹茶起司圈餡**／將奶油起司與細砂糖混合拌勻後,加入奶粉和糖漬紅豆拌勻即可。

做法

1

將高筋麵粉、乾酵母、膳食纖維粉、鹽、湯種、細砂糖和抹茶粉倒入水中,先慢速攪拌 2 分鐘,再快速攪拌約 8 分鐘。

2

當麵筋擴展後加入奶油,改以慢速把奶油攪拌均勻,使整個奶油被麵團吸收。

3

取出麵團移至烤盤上,放進發酵箱,以溫度 32℃、相對濕度 75% 發酵約 40 分鐘,當麵團漲到 2 倍大時取出。

4

分割麵團,每顆 230 克。

5

用手輕拍麵團,排出 1/3 的氣體。

6

從上收 1/3 到中間,按緊。

7

用手從一個方向推壓收口,放進發酵箱,以溫度 32℃、相對濕度 75% 發酵 40 分鐘後取出。

8

桌面撒些高筋麵粉,拿一個放在桌面上,用手輕拍排出氣體。

9 ───────

將抹茶起司圈餡裝入擠花袋中，擠在中間。

10 ───────

收口依序收緊。

11 ───────

最後留約 5 公分，用擀麵棍擀開，把頭包進去，並收緊收口。

12 ───────

將麵團放在墊有耐高溫布的網盤架上，以溫度 32℃、相對濕度 75% 發酵 40 分鐘後取出。

13 ───────

麵團表面用條紋紙撒上高筋麵粉後，放進烤箱，以上火 220℃、下火 190℃烘烤 10 分鐘，並按蒸氣 2 秒。

14 ───────

出爐後震盤拿出。

[麵團製作]

慢速攪拌
2 min.

快速攪拌
8 min.

出缸麵溫
25℃

麵團分割
230 g

發酵溫度
32℃

發酵濕度
75 %

EUROPEAN SOFT BREAD

提拉米蘇

🔥 上火 230℃   🔥 下火 190℃   🕐 時間 10min.   ▽ 蒸氣 2sec.

材料

[咖啡醬]

奶油	100 克
細砂糖	100 克
雞蛋	100 克
蛋糕專用粉	100 克
咖啡酒	15 克
咖啡粉	5 克

[藍姆起司餡]

奶油起司	200 克
細砂糖	50 克
藍姆酒	20 克

[麵團]

高筋麵粉	1000 克
膳食纖維粉	40 克
咖啡粉	15 克
細砂糖	80 克
低鈉鹽	8 克
湯種	100 克
水	700 克
奶油	30 克
新鮮酵母 24 克／乾酵母 12 克	

事先準備：

- **咖啡醬**／先將奶油、咖啡粉混合拌勻後，打入雞蛋繼續拌勻，再倒入咖啡酒和細砂糖攪拌均勻，最後加入蛋糕專用粉攪拌均勻即完成。

- **藍姆起司餡**／先將奶油起司與細砂糖混合拌勻後，加入藍姆酒繼續拌勻即可。

做法

1

將高筋麵粉、乾酵母、膳食纖維粉、咖啡粉、鹽、湯種和細砂糖倒入水中，先慢速攪拌 2 分鐘，再快速攪拌約 8 分鐘。

2

當麵筋擴展後加入奶油，慢速把奶油攪拌均勻，使整個奶油被麵團吸收。

3

取出麵團移至烤盤上，放進發酵箱，以溫度 32℃、相對濕度 75% 發酵約 40 分鐘，當麵團漲到 2 倍大時取出。

4

分割麵團，每顆 250 克，收口整成圓形，放進發酵箱，以溫度 32℃、相對濕度 75% 發酵 40 分鐘。

5

桌面撒些高筋麵粉，拿一個放在桌面上，用手輕拍排出氣體。

6

將麵團調整成三角形，把藍姆起司餡裝入擠花袋中，擠在中間。

慢速攪拌
2 min.

快速攪拌
8 min.

出缸麵溫
25℃

麵團分割
250g

發酵溫度
32℃

發酵濕度
75%

7

取一角向上，按緊。

8

對折第二個角。

9

收緊第三個角，最後成一個
三角形。

10

將三角形麵團反轉過來，收
口朝下且放在墊有耐高溫布
的網盤架上，放進發酵箱，
以溫度 32℃、相對濕度 75%
發酵 40 分鐘。

11

用圖案模具將高筋麵粉撒在
麵團中間。

12

把咖啡醬擠在三角形麵團的三
個角上。

13

放進烤箱，以上火 230℃、
下火 190℃烘烤 10 分鐘，並
按蒸氣 2 秒。

14

出爐後震盤拿出。

菠菜肉骨頭

上火 230℃　　下火 190℃　　時間 12min.　　蒸氣 2sec.

材料

[內餡]

培根肉碎	適量
黑胡椒	適量
乳酪	適量
起司粉	適量

[麵團]

高筋麵粉	1000 克
菠菜粉	30 克
膳食纖維粉	40 克
細砂糖	40 克
低鈉鹽	15 克
液態酵種	100 克
湯種	100 克
水	700 克
洋蔥絲	100 克
小茴香碎	5 克
新鮮酵母 24 克／乾酵母 12 克	

事先準備

▪ **內餡**／將培根肉碎和黑胡椒
拌勻備用；將乳酪切成小塊
備用；將起司粉放在烤盤上
備用。

做法

1

將高筋麵粉、乾酵母、膳食
纖維粉、菠菜粉、鹽、湯
種、液態酵種和細砂糖倒入
水中，先慢速攪拌 2 分鐘，
再快速攪拌約 8 分鐘。

2

加入洋蔥絲和小茴香碎，
攪拌均勻。

3

取出揉好的麵團移至烤盤
上，放進發酵箱，以溫度
32℃、相對濕度 75% 發酵
約 40 分鐘，當麵團漲到 2
倍大時取出。

4

分割麵團，每顆 250 克。
用手輕拍麵團，排出 1/3 的
氣體。

5

從上收 1/3 到中間，按緊。

6

用手從一個方向推壓收口。

7

從中間均勻地往兩邊搓成
一個長條狀，長度約 40 公
分。依序排入烤盤上，放
進發酵箱，以溫度 32℃、
相對濕度 75% 發酵 40 分
鐘後取出。

8
兩邊各留下約 8 公分的長
度，中間包入黑胡椒培根
肉和乳酪。

9

將麵團包起，收口依序收緊。

10

兩頭剪開，每個角收起合口。

11

再將每個角都捲起來。

12

麵團表面刷上一點水。

13

每個麵團均勻黏上起司粉。

14

將麵團放在墊有耐高溫布的網盤架上，一盤最多放4個。放進發酵箱，以溫32℃、相對濕度75%發酵40分鐘。

15

進烤箱，以上火230℃、下火190℃烘烤12分鐘，並按蒸氣2秒。

16

出爐後震盤拿出。

[麵團製作]

慢速攪拌
2 min.

快速攪拌
8 min.

出缸麵溫
25℃

麵團分割
250 g

發酵溫度
32℃

發酵濕度
75%

熊寶寶

 上火 230℃　　 下火 190℃　　🕐 時間 10min.　　 蒸氣 2sec.

材料

[珍珠餡]

水	500 克
珍珠	100 克
奶油起司	200 克
細砂糖	50 克
耐烘烤巧克力豆	50 克

[麵團]

高筋麵粉	700 克
蛋糕粉專用粉	300 克
膳食纖維粉	40 克
可可粉	25 克
細砂糖	150 克
低鈉鹽	10 克
湯種	100 克
水	700 克
奶油	30 克
新鮮酵母 24 克／乾酵母 12 克	

事先準備：

- **珍珠餡**／將水倒入珍珠粒中，以小火慢煮約 20 分鐘，當珍珠粒慢慢變黑時關火，過篩珍珠粒，放涼後備用。先將奶油起司與細砂糖混合拌均勻後，加入耐烘烤巧克力豆和熟珍珠粒攪拌均勻即完成。

做法

1
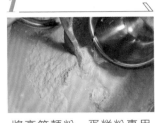
將高筋麵粉、蛋糕粉專用粉、乾酵母、膳食纖維粉、可可粉、鹽、湯種和細砂糖倒入水中，先慢速攪拌 2 分鐘，再快速攪拌約 8 分鐘。

2
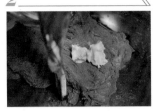
當麵筋擴展後加入奶油，慢速把奶油攪拌均勻，使整個奶油被麵團吸收。

3

取出麵團移至烤盤上，放進發酵箱，以溫度 32℃、相對濕度 75% 發酵約 40 分鐘，當麵團漲到 2 倍大時取出。

4

分割麵團，大麵團每顆 140 克，小麵團每顆 20 克，每兩顆為一組。

5

將大小麵團全部收口整成圓形，依序放在烤盤上，放進發酵箱，以溫度 32℃、相對濕度 75% 發酵 40 分鐘後取出。

6
桌面撒些高筋麵粉，先取出 140 克的大麵團放在桌面上，用手輕拍排出氣體。

慢速攪拌
2 min.
快速攪拌
8 min.

出缸麵溫
25℃

麵團分割
20g 和 140g

發酵溫度
32℃
發酵濕度
75%

7

將珍珠餡裝入擠花袋中，擠在麵團中間。

8

收口收緊，將它作為熊寶寶的頭部。

9

將 20 克的小麵團依上述步驟包餡。

10

小麵團收成圓形，作為熊寶寶的耳朵，做好後放在烤盤上。

11

放進發酵箱，以溫度 32℃、相對濕度 75% 發酵 40 分鐘，將乾淨的烤盤蓋在上面，然後進烤箱，以上火 230℃、下火 190℃烘烤 10 分鐘。

12

出爐後震盤拿出。

紫米麻糬

上火 220℃ 下火 200℃ 時間 12min. 蒸氣 2sec.

材料

[紫米麻糬餡]

牛奶	400 克
細砂糖	50 克
紫米粉	200 克
紅豆粒	200 克
Q 心餡	200 克

[麵團]

高筋麵粉	1000 克
膳食纖維粉	40 克
大麥粉	20 克
細砂糖	70 克
低鈉鹽	8 克
湯種	100 克
水	700 克
奶油	20 克
新鮮酵母 24 克／乾酵母 12 克	

事先準備

■ **紫米麻糬餡**／先將牛奶和細砂糖混合均勻後，加入紫米粉攪拌均勻成紫米糊。再將紫米糊和紅豆粒攪拌均勻後，加入 Q 心餡即完成。

做法

1

將高筋麵粉、乾酵母、膳食纖維粉、大麥粉、鹽、湯種和細砂糖倒入水中，先慢速攪拌 2 分鐘，再快速攪拌約 8 分鐘。

2

當麵筋擴展後加入奶油，改以慢速把奶油攪拌均勻，使整個奶油被麵團吸收。

3

取出麵團移至烤盤上，放進發酵箱，以溫度 32℃、相對濕度 75% 發酵約 40 分鐘，當麵團漲到 2 倍大時取出。

4

分割麵團，每顆 70 克，收口整成圓形，依序排入烤盤上，放進發酵箱，以溫度 32℃、相對濕度 75% 發酵 40 分鐘後取出。

5

桌面撒些高筋麵粉，拿出麵團放在桌面上，用手輕拍，排出 1/3 的氣體。

6

將紫米麻糬餡裝入擠花袋中，擠在中間。

7

收口包住餡料，並收成圓形。

8

每三顆為一組，將麵團放在墊有耐高溫布的網盤架上，放進發酵箱，以溫度 32℃、相對濕度 75% 發酵 40 分鐘後取出。

9

將蛋糕叉放在麵團表面並撒上高筋麵粉。

10

在一組麵團中間放上一個圓形的剪紙，並把沒撒到的粉補上。

11

進烤箱，以上火 220℃、下火 200℃烘烤 12 分鐘，並按蒸氣 2 秒。

12

出爐後震盤拿出。

[麵團製作]

慢速攪拌
2 min.
快速攪拌
7 min.

出缸麵溫
22℃

麵團分割
70g ×3

發酵溫度
32℃
發酵濕度
75%

EUROPEAN SOFT BREAD

百香果蜂蜜

🔥 上火 220℃　🔥 下火 200℃　🕐 時間 13min.　🥦 蒸氣 2sec.

材料

[百香果蜂蜜餡]

奶油起司	200 克
細砂糖	120 克
百香果粉	50 克

[百香果裝飾粉]

高筋麵粉	100 克
百香果粉	30 克

[麵團]

高筋麵粉	700 克
蛋糕粉專用粉	300 克
膳食纖維粉	40 克
細砂糖	30 克
低鈉鹽	10 克
湯種	100 克
蜂蜜	50 克
水	640 克
奶油	30 克
新鮮酵母 24 克／乾酵母 12 克	

事先準備：

- **百香果蜂蜜餡**／將奶油起司與細砂糖混合拌勻後，加入百香果粉攪拌均勻。

- **百香果裝飾粉**／將高筋麵粉和百香果粉混合均勻。

做法

1

將高筋麵粉、蛋糕粉專用粉、乾酵母、膳食纖維粉、鹽、湯種、細砂糖、水和蜂蜜倒入鋼盆中，先慢速攪拌 2 分鐘，再快速攪拌約 8 分鐘。

2

當麵筋擴展後加入奶油，改以慢速把奶油攪拌均勻，使整個奶油被麵團吸收。

3

取出麵團移至烤盤上，放進發酵箱，以溫度 32℃、相對濕度 75% 發酵約 40 分鐘，當麵團漲到 2 倍大時取出。

4

分割麵團，每顆 120 克。收口整成圓形，依序排入烤盤上，放進發酵箱，以溫度 32℃、相對濕度 75% 發酵 40 分鐘後取出。

5

桌面撒些高筋麵粉，拿出麵團放在桌面上，用手輕拍排出氣體。

6

將百香果蜂蜜餡裝入擠花袋中，擠在麵團中間。

PART 3　開刀類・藝術裝飾麵包

129

[麵團製作]

慢速攪拌
2 min.

快速攪拌
8 min.

出缸麵溫
25℃

麵團分割
120g

發酵溫度
32℃

發酵濕度
75%

7

收口包住餡料,並將收口全部合緊。

8

將麵團放在墊有耐高溫布的網盤架上,取出一個麵團擀平,用八角模具壓在麵皮上。

9

將壓好的麵皮放在包餡麵團的中間,並將大拇指沾上高筋麵粉,輕輕按在麵團中間。

10

放進發酵箱,以溫度 32℃、相對濕度 75% 發酵 40 分鐘後,大拇指再次按下。

11
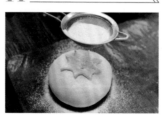

麵團表面撒上高筋麵粉後,放進烤箱,以上火 220℃、下火 200℃烘烤 13 分鐘,並按蒸氣 2 秒。

12

出爐後震盤拿出。

鮪魚麵包

上火 230℃ 220℃   下火 210℃ 190℃   時間 4min 10min   蒸氣 2sec.

材料

[鮪魚餡]

油浸鮪魚	370 克
起司碎	150 克
洋蔥絲	150 克
黑胡椒	2 克

[表面裝飾]

起司粉	適量

[麵團]

高筋麵粉	800 克
蛋糕專用粉	200 克
膳食纖維粉	40 克
細砂糖	40 克
低鈉鹽	15 克
液態酵種	100 克
湯種	100 克
水	680 克
奶油	20 克
洋蔥絲	100 克
玉米粒	100 克
新鮮酵母 24 克／乾酵母 12 克	

事先準備

- **鮪魚餡**／將油浸鮪魚與黑胡椒混合拌勻後，加入起司碎和洋蔥絲拌勻即完成。

做法

1

將高筋麵粉、蛋糕專用粉、乾酵母、膳食纖維粉、鹽、湯種、液態酵種和細砂糖倒入水中，先慢速攪拌 2 分鐘，再快速攪拌約 8 分鐘。

2

當麵筋擴展後加入奶油，改以慢速把奶油攪拌均勻，使整個奶油被麵團吸收。

3

加入洋蔥絲和玉米粒攪拌均勻。

4

取出揉好的麵團移至烤盤上，放進發酵箱，以溫度 32℃、相對濕度 75% 發酵約 40 分鐘，當麵團漲到 2 倍大時取出。

5

分割麵團，每顆 180 克，並收口整成圓形，依序排入烤盤上，放進發酵箱，以溫度 32℃、相對濕度 75% 發酵 40 分鐘後取出。

6

桌面撒些高筋麵粉，拿出麵團放在桌面上，用手輕拍排出氣體，並將麵團拉成圖中的形狀。

7

將麵團表面鋪上鮪魚餡。

8

從上收 1/3 到中間，按緊。

9

從上往下收，與底部收口合起推壓，按緊收口。

10

將麵團放在正面沾水的毛巾上，濕潤後黏上起司粉。

11

將麵團放進發酵箱，以溫度32℃、相對濕度75%發酵40分鐘後進烤箱，以上火230℃、下火210℃烘烤4分鐘，並按蒸氣2秒。再將上火改為220℃、下火190℃烘烤10分鐘。出爐後震盤拿出。

[麵團製作]

慢速攪拌
2 min.
快速攪拌
8 in.

出缸麵溫
25℃

麵團分割
180g

發酵溫度
32℃
發酵濕度
75%

紫薯甜甜圈

🔥 上火 230℃ / 220℃　　🔥 下火 200℃　　🕐 時間 8min / 3min　　🥦 蒸氣 2sec.

材料

[紫薯餡]

奶油起司	200 克
細砂糖	50 克
煉乳	30 克
紫薯泥塊	50 克

[麵團]

高筋麵粉	800 克
蛋糕專用粉	200 克
紫薯粉	100 克
膳食纖維粉	40 克
細砂糖	50 克
低鈉鹽	10 克
湯種	100 克
水	650 克
動物性鮮奶油	200 克
紫薯泥	200 克
奶油	20 克
新鮮酵母 24 克 ／乾酵母 12 克	

事先準備：

- 紫薯餡／將奶油起司與細砂糖混合拌勻後，加入煉乳與紫薯泥塊攪拌均勻即可。

做法

1

將高筋麵粉、蛋糕專用粉、紫薯粉、乾酵母、膳食纖維粉、鹽、湯種和細砂糖、鮮奶油、紫薯泥倒入水中，先慢速攪拌 2 分鐘，再快速攪拌約 8 分鐘。

2

當麵筋擴展後加入奶油，改以慢速把奶油攪拌均勻，使整個奶油被麵團吸收。

3

取出麵團移至烤盤上，放進發酵箱，以溫度 32℃、相對濕度 75% 發酵約 40 分鐘，當麵團漲到 2 倍大時取出。

4

分割麵團，每顆 230 克。

5

桌面撒些高筋麵粉，將麵團放在桌面上，用手輕拍，排出 1/3 的氣體

6

從上收 1/3 到中間，按緊。接著向下收，與下面收口合在一起。

[麵團製作]

慢速攪拌
2 min.

快速攪拌
8 min.

出缸麵溫
25℃

麵團分割
230 g

發酵溫度
32℃

發酵濕度
75 %

7

從中間均勻地往兩邊搓成一個長條狀，長度約 40 公分。

8

依序排入烤盤上，放進發酵箱，以溫度 32℃、相對濕度 75% 發酵 40 分鐘後取出。

9

桌面撒些高筋麵粉，拿出一條放在桌面上，用手輕拍排出氣體。將紫薯餡裝入擠花袋中，擠在中間，最後尾部留出 4 公分。

10

從一邊開始收口，收到尾部。

11

用尾部包住另一頭，並將收口收緊。

12

將麵團放在墊有耐高溫布的網盤架上，放進發酵箱，以溫度 32℃、相對濕度 75% 發酵 40 分鐘。

13

麵團表面撒上高筋麵粉，並用刀片輕輕劃 4 刀。然後進烤箱，以上火 230℃、下火 200℃烘烤 8 分鐘，並按蒸氣 2 秒。再將上火改為 220℃、下火 200℃，再烤 3 分鐘。

14

出爐後震盤拿出。

EUROPEAN SOFT BREAD

德國臘腸犬

🔥 上火 230℃　🔥 下火 190℃　🕐 時間 12min.　 蒸氣 2sec.

材料

[麵團]

高筋麵粉	1000 克
膳食纖維粉	40 克
細砂糖	50 克
低鈉鹽	15 克
液態酵種	100 克
湯種	100 克
水	640 克
羅勒青醬	50 克
奶油	30 克
原味香腸（35 公分）	12 個
新鮮酵母 24 克／乾酵母 12 克	

做法

1

將高筋麵粉、乾酵母、膳食纖維粉、鹽、湯種、液態酵種、細砂糖、水和羅勒青醬倒入鋼盆中，先慢速攪拌 2 分鐘，再快速攪拌約 8 分鐘。

2

當麵筋擴展後加入奶油，改以慢速把奶油攪拌均勻，使整個奶油被麵團吸收。

3

取出麵團移至烤盤上，放進發酵箱，以溫度 32℃、相對濕度 75% 發酵約 40 分鐘，當麵團漲到 2 倍大時取出。

4

分割麵團，每顆 160 克。

5

桌面撒些高筋麵粉，將麵團放在桌面上，用手輕拍，排出 1/3 的氣體。

6

從上收 1/3 到中間，按緊。

7

用手從一個方向推壓收口。

8

從中間均勻地往兩邊搓成一個長條狀，長度約 40 公分。

9

依序排入烤盤上，放進發酵箱，以溫度 32℃、相對濕度 75% 發酵 40 分鐘後取出。

10

桌面撒些高筋麵粉，拿出一條放在桌面上，用手輕拍，排出 1/3 的氣體。

11

將原味香腸放在麵皮中間。

12

從一邊開始收口，收到尾部。

13

將麵團放在墊有耐高溫布的網盤架上，放進發酵箱，以溫度 32℃、相對濕度 75% 發酵 40 分鐘後取出。

14

麵團表面撒上高筋麵粉，並用刀劃開麵皮，直至露出裡面的香腸。

15

麵團劃 5 刀後進烤箱，以上火 230℃、下火 190℃ 烘烤 12 分鐘，並按蒸氣 2 秒。

16

出爐後震盤拿出。

[麵團製作]

慢速攪拌
2 min.
快速攪拌
8 min.

出缸麵溫
25℃

麵團分割
160 g

發酵溫度
32℃
發酵濕度
75 %

EUROPEAN SOFT BREAD

髒髒包

 上火 230℃　 下火 210℃　 時間 13min.　 蒸氣 2sec.

材料

[巧克力卡士達醬]

全脂牛奶	500 克
黑巧克力醬	100 克
卡士達粉	150 克
動物性鮮奶油	100 克
咖啡酒	10 克

[髒髒包餡料]

奶油起司	200 克
細砂糖	50 克
巧克力卡士達醬	200 克
耐烘烤巧克力豆	200 克

[巧克力醬]

巧克力	300 克

[裝飾]

可可粉	100 克

[麵團]

高筋麵粉	1000 克
可可粉	15 克
膳食纖維粉	40 克
細砂糖	50 克
低鈉鹽	10 克
葡萄種	100 克
湯種	100 克
黑巧克力醬	150 克
水	650 克
奶油	20 克
新鮮酵母 24 克／乾酵母 12 克	

做法

1

將麵團所有材料（除奶油外）倒入鋼盆中，先慢速攪拌 2 分鐘，再快速攪拌約 8 分鐘。

2
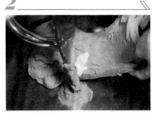
當麵筋擴展後加入奶油，改以慢速把奶油攪拌均勻，使整個奶油被麵團吸收。

3

取出麵團移至烤盤上，放進發酵箱，以溫度 32℃、相對濕度 75% 發酵約 40 分鐘，當麵團漲到 2 倍大時取出。

4

分割麵團，每顆 230 克。

5

用手輕拍麵團，排出 1/3 的氣體，並從上收 1/3 到中間，按緊。

6

用手從一個方向推壓收口。

事先準備：

- **巧克力卡士達醬**／將全脂牛奶和卡士達粉混合拌勻後，先加入咖啡酒拌勻，再加入鮮奶油拌勻，最後加入黑巧克力醬拌勻。

- **髒髒包餡料**／將奶油起司與細砂糖混合拌勻後，加入巧克力卡士達醬拌勻，再加入耐烘烤巧克力豆拌勻。

- **巧克力醬**／將巧克力隔水加熱，以小火融化成巧克力醬。

[麵團製作]

慢速攪拌
2 min.
快速攪拌
8 min.

出缸麵溫
25℃

麵團分割
230 g

發酵溫度
32℃
發酵濕度
75 %

7

從中間均勻地往兩邊搓成一個長條狀，長度約 40 公分。

8

放進發酵箱，以溫度 32℃、相對濕度 75% 發酵 40 分鐘後取出。用手輕拍麵團，排出 1/3 的氣體。

9

將髒髒包餡料裝入擠花袋中，擠在中間，依序收口。

10

盤繞起來，兩頭收口相接。

11

將收好形狀的麵團放入撒好高筋麵粉的容器中，進發酵箱，以溫度 32℃、相對濕度 75% 發酵 40 分鐘後取出。

12

從容器中取出麵團，移至烤盤上，進烤箱，以上火 230℃、下火 210℃烘烤 13 分鐘，並按蒸氣 2 秒。

13

出爐後震盤拿出，待麵包冷卻後，在表面刷上融化的巧克力醬，最後撒上可可粉裝飾。

魔杖

 上火 230℃   下火 190℃    時間 12min.   蒸氣 2sec.

材料

[材料]

高筋麵粉	1000 克
膳食纖維粉	40 克
細砂糖	50 克
低鈉鹽	15 克
液態酵種	100 克
湯種	100 克
水	640 克
羅勒青醬	50 克
奶油	30 克
原味香腸（35 公分）	12 個
新鮮酵母 24 克／乾酵母 12 克	

做法

1

將高筋麵粉、乾酵母、膳食纖維粉、鹽、湯種、液態酵種、細砂糖、水和羅勒青醬倒入鋼盆中，先慢速攪拌 2 分鐘，再快速攪拌約 8 分鐘。

2

當麵筋擴展後加入奶油，改以慢速把奶油攪拌均勻，使整個奶油被麵團吸收。

3

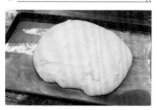

取出麵團移至烤盤上，放進發酵箱，以溫度 32℃、相對濕度 75% 發酵約 40 分鐘，當麵團漲到 2 倍大時取出。

4

分割麵團，每顆 160 克。

5

桌面撒些高筋麵粉，將麵團放在桌面上，用手輕拍，排出 1/3 的氣體。

6

從上收 1/3 到中間，按緊。

7

用手從一個方向推壓收口。

8

從中間均勻地往兩邊搓成一個長條狀，長度約 40 公分。

9

依序排入烤盤上，放進發酵箱，以溫度 32℃、相對濕度 75% 發酵 40 分鐘後取出。

10

桌面撒些高筋麵粉，拿出一條放在桌面上，用手輕拍麵團，排出氣體，並收成長條。

11

將長條麵團用力搓長，纏繞在原味香腸上，並注意中間要有間隔。

12

將麵團放在墊有耐高溫布的網盤架上，放進發酵箱，以溫度 32℃、相對濕度 75% 發酵 40 分鐘後取出。

13

先在麵團表面撒上高筋麵粉後，將香腸上面的高筋麵粉刷掉，進烤箱，以上火 230℃、下火 190℃ 烘烤 12 分鐘，並按蒸氣 2 秒。

14

出爐後震盤拿出。

[麵團製作]

慢速攪拌
2 min.

快速攪拌
8 min.

出缸麵溫
25℃

麵團分割
160g

發酵溫度
32℃

發酵濕度
75%

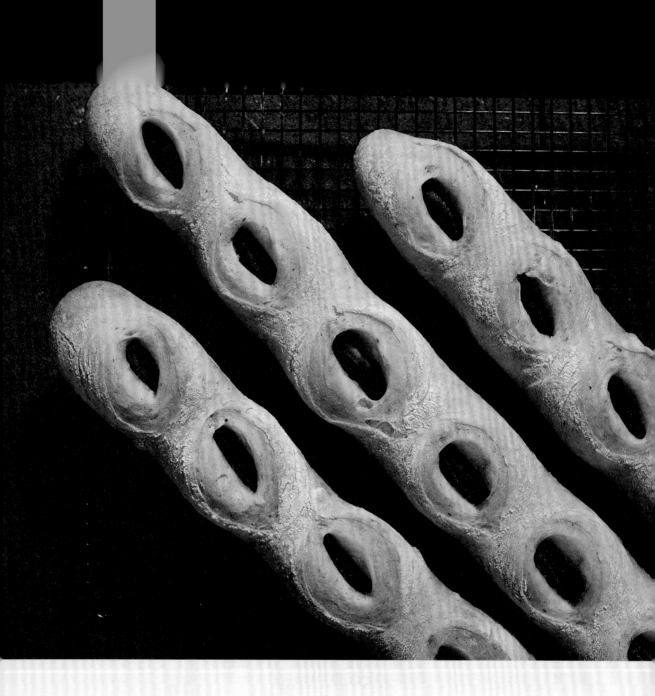

墨魚羅勒棍

 上火 230℃　　下火 190℃　　時間 12min.　　 蒸氣 2sec.

材料

[麵團]

高筋麵粉	1000 克
膳食纖維粉	40 克
細砂糖	50 克
低鈉鹽	15 克
液態酵種	100 克
湯種	100 克
水	640 克
羅勒青醬	50 克
奶油	30 克
墨魚香腸（35 公分）	12 個
新鮮酵母 24 克／乾酵母 12 克	

做法

1

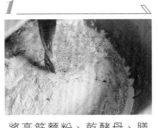

將高筋麵粉、乾酵母、膳食纖維粉、鹽、湯種、液態酵種、細砂糖、水和羅勒青醬倒入鋼盆中，先慢速攪拌 2 分鐘，再快速攪拌約 8 分鐘。

2

當麵筋擴展後加入奶油，改以慢速把奶油攪拌均勻，使整個奶油被麵團吸收。

3

取出麵團移至烤盤上，放進發酵箱，以溫度 32℃、相對濕度 75% 發酵約 40 分鐘，當麵團漲到 2 倍大時取出。

4

分割麵團，每顆 160 克。

5

桌面撒些高筋麵粉，將麵團放在桌面上，用手輕拍，排出 1/3 的氣體。

6

從上收 1/3 到中間，按緊。

7

用手從一個方向推壓收口。

8

從中間均勻地往兩邊搓成一個長條狀，長度約 40 公分。

慢速攪拌
2 min.
快速攪拌
8 min.

出缸麵溫
25℃

麵團分割
160g

發酵溫度
32℃
發酵濕度
75%

9

依序排入烤盤上，放進發酵箱，以溫度 32℃、相對濕度 75% 發酵 40 分鐘後取出。

10

桌面撒些高筋麵粉，拿出一條放在桌面上，用手輕拍，排出 1/3 的氣體。

11

將墨魚香腸放在麵皮中間。

12

從一邊開始收口，收到尾部。

13

將麵團放在墊有耐高溫布的網盤架上，放進發酵箱，以溫度 32℃、相對濕度 75% 發酵 40 分鐘後取出。

14

麵團表面撒上高筋麵粉，並用刀劃開麵皮，直至露出裡面的香腸。

15

麵團劃 5 刀後進烤箱，以上火 230℃、下火 190℃烘烤 12 分鐘，並按蒸氣 2 秒。

16

出爐後震盤拿出。

EUROPEAN SOFT BREAD

買買提

🔥 上火 230℃ 🔥 下火 210℃ 🕐 時間 16min. 〽 蒸氣 2sec.

材料

[材料]

日式麵包粉	950 克
膳食纖維粉	40 克
細砂糖	30 克
低鈉鹽	10 克
葡萄種	100 克
水	650 克
奶油	20 克
葡萄乾	300 克

新鮮酵母 16 克／乾酵母 8 克

做法

1
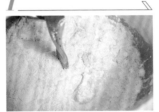
將日式麵包粉、乾酵母、膳食纖維粉、鹽、葡萄種和細砂糖倒入水中，先慢速攪拌 2 分鐘，再快速攪拌約 8 分鐘。

2

當麵筋擴展後加入奶油，改以慢速把奶油攪拌均勻，使整個奶油被麵團吸收。將揉好的麵團分為 1000 克和 300 克。

3

將切碎的葡萄乾加入 1000 克的麵團中，攪拌均勻。

4

取出麵團移至放在烤盤上，放進發酵箱，以溫度 32℃、相對濕度 75% 發酵約 40 分鐘，當麵團漲到 2 倍大時取出。

5

將有葡萄乾的麵團分成 200 克一顆，不含葡萄乾的麵團分成 100 克一顆。

6

將兩種大小的麵團都收口並整成圓形，依序排入烤盤上，放進發酵箱，以溫度 32℃、相對濕度 75% 發酵 40 分鐘後取出。

[麵團製作]

慢速攪拌

2 min.

快速攪拌

8 min.

出缸麵溫

25℃

麵團分割

100g 和 200g

發酵溫度

32℃

發酵濕度

75%

7

將不含葡萄乾的麵團擀成麵皮，注意厚度要一致。

8

用刮刀將麵皮對分成兩塊。

9

將 200 克麵團收成橄欖形，放在切好的麵皮上，然後纏繞起來。

10

兩結口收下，按到麵團中央。

11

將橄欖形的麵團兩頭剪開。

12

剪好的兩頭向裡捲起。

13

將模具放在麵團上，並撒上高筋麵粉。放進烤箱，以上火 230℃、下火 210℃ 烘烤 16 分鐘，並按蒸氣 2 秒。

14

出爐後震盤拿出。

霸氣火龍果

🔥 上火 230℃　　🔥 下火 200℃　　🕐 時間 11min.　　 蒸氣 2sec.

材料

[霸氣火龍果餡]

奶油起司	150 克
細砂糖	30 克
煉乳	20 克
紅火龍果塊	200 克
卡士達粉	50 克

[裝飾]

高筋麵粉	700 克
蛋糕專用粉	300 克
膳食纖維粉	40 克
細砂糖	50 克
低鈉鹽	8 克
湯種	100 克
水	700 克
紅火龍果粉	60 克
奶油	20 克
新鮮酵母 24 克／乾酵母 12 克	

事先準備：

- **霸氣火龍果餡**／將奶油起
  司、細砂糖、煉乳混合拌勻
  後，加入卡士達粉和紅火龍
  果塊，攪拌均勻即可。

做法

1

將水倒入紅火龍果粉中拌
勻備用。

2

將麵團所有材料（除奶油
外）倒入鋼盆中，先慢速攪
拌 2 分鐘，再快速攪拌約 8
分鐘。

3
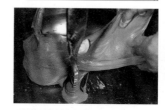
當麵筋擴展後加入奶油，
改以慢速把奶油攪拌均勻，
使整個奶油被麵團吸收。

4

取出麵團移至烤盤上，放
進發酵箱，以溫度 32℃、
相對濕度 75% 發酵約 40
分鐘，當麵團漲到 2 倍大
時取出。

5

分割麵團，每顆 180 克。

6

將麵團收口整成圓形，依
序排入烤盤上，放進發酵
箱，以溫度 32℃、相對濕
度 75% 發酵 40 分鐘後取
出。

7

桌面撒些高筋麵粉，拿出一
個放在桌面上，用手輕拍排
出氣體。

8
用擀麵棍將麵團上下擀開，
並拉開兩角。

9

將火龍果餡裝入擠花袋中,
擠在中間。

10

收口,將餡包起,依序捲起。

11

將捲好的麵團放在烤盤上,
放進發酵箱,以溫度 32℃、
相對濕度 75% 發酵 40 分鐘
後,表面撒上高筋麵粉。

12

如圖所示,用剪刀依序向下
剪。

13

進烤箱,以上火 230℃、下
火 200℃烘烤 11 分鐘,並按
蒸氣 2 秒。

14

出爐後震盤拿出。

[麵團製作]

慢速攪拌
2 min.
快速攪拌
8 min.

出缸麵溫
25℃

麵團分割
180 g

發酵溫度
32℃
發酵濕度
75 %

EUROPEAN SOFT BREAD

黑麥黑椒牛肉

🔥 上火 230℃　　🔥 下火 210℃　　🕐 時間 14min.　　▽ 蒸氣 3sec.

材料

[紅酒美乃滋]

美乃滋	200 克
紅酒	30 克

[裝飾]

麵包粉	200 克
孜然粉	20 克

[麵團]

麵包粉	800 克
黑小麥粉	200 克
膳食纖維粉	40 克
黑麥酸麵種	100 克
低鈉鹽	15 克
水	700 克
奶油	20 克
黑胡椒碎	6 克
新鮮酵母 16 克／乾酵母 8 克	

事先準備：

- **紅酒美乃滋**／將美乃滋和紅酒混合均勻，放入鋼盆中備用。

- **裝飾**／將日式麵包粉和孜然粉混合均勻，放入鋼盆中備用

做法

1
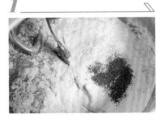
將麵團所有材料（除奶油外）倒入鋼盆中，先慢速攪拌 2 分鐘，再快速攪拌約 8 分鐘。

2

當麵筋擴展後加入奶油，改以慢速把奶油攪拌均勻，使整個奶油被麵團吸收。

3

取出麵團移至烤盤上，放進發酵箱，以溫度 32℃、相對濕度 75% 發酵約 40 分鐘，當麵團漲到 2 倍大時取出。

4

分割麵團，每顆 180 克。

5

將麵團收口整成圓形，依序排入烤盤上，放進發酵箱，以溫度 32℃、相對濕度 75% 發酵 40 分鐘後取出。

6

桌面撒些高筋麵粉，拿出一個放在桌面上，用手輕拍排出氣體。從上收 1/3 到中間，按緊。

157

[麵團製作]

慢速攪拌
2 min.
快速攪拌
8 min.

出缸麵溫
25℃

麵團分割
180g

發酵溫度
32℃
發酵濕度
75%

7

用手從一個方向推壓收口。

8

從中間均勻地往兩邊搓成一個長條狀。

9

將麵團依序放在烤盤上,放進發酵箱,以溫度 32℃、相對濕度 75% 發酵 40 分鐘後,表面撒上高筋麵粉。

10

劃 3 刀後進烤箱,以上火 230℃、下火 210℃烘烤 14 分鐘,並按蒸氣 3 秒。出爐後震盤拿出。

11

依序準備好紅酒美乃滋、有機生菜、新鮮番茄片、起司、黑椒牛肉和酸黃瓜。

12

將麵包從中間切開,先抹上美乃滋,再依序擺上生菜、番茄片、黑椒牛肉、酸黃瓜和起司即可。

黑麥芥末鮪魚

 上火 230℃　 下火 210℃　 時間 15min.　 蒸氣 3sec.

材料

[裝飾]

黑芝麻	50 克
白芝麻	50 克
亞麻子	50 克
葵花子	50 克
南瓜子	50 克
杏仁片	50 克

[黑椒美乃滋]

美乃滋	200 克
黑胡椒	5 克

[玉米鮪魚餡]

油浸鮪魚	1 罐
玉米粒	適量

[麵團]

麵包粉	800 克
黑小麥粉	200 克
膳食纖維粉	40 克
黑麥酸麵種	100 克
低鈉鹽	15 克
水	700 克
奶油	20 克
六穀	100 克
新鮮酵母 16 克／乾酵母 8 克	

事先準備：

- **裝飾部分**／將葵花子、白芝麻、黑芝麻、亞麻子、南瓜子和杏仁片混合均勻,放進烤盤備用。

- **黑椒美乃滋**／將美乃滋和黑胡椒混合均勻備用。

- **玉米鮪魚餡**／將油浸鮪魚和玉米混合均勻備用。

做法

1
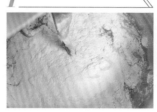
將麵包粉、乾酵母、膳食纖維粉、鹽、黑小麥粉和麵種倒入水中,先慢速攪拌 2 分鐘,再快速攪拌約 8 分鐘。

2

當麵筋擴展後加入奶油,改以慢速把奶油攪拌均勻,使整個奶油被麵團吸收。

3

加入六穀,攪拌均勻。

4

取出麵團移至烤盤上,放進發酵箱,以溫度 32℃、相對濕度 75% 發酵約 40 分鐘,當麵團漲到 2 倍大時取出。

5

分割麵團,每顆 230 克。

6

將麵團收口整成圓形,依序排入烤盤上,放進發酵箱,以溫度 32℃、相對濕度 75% 發酵 40 分鐘後取出。

7

桌面撒些高筋麵粉,拿出一個放在桌面上,用手輕拍排出氣體。

8
從上收 1/3 到中間,按緊。

9

用手從上往下推壓收口。

10

從中間均勻地往兩邊搓成一個長條狀。

11

將麵團放在沾水的毛巾上，表面先沾水，再黏上六穀。

12

麵團依序排入烤盤上，放進發酵箱，以溫度 32℃、相對濕度 75% 發酵 40 分鐘後，表面用條紋紙撒上高筋麵粉。

13

進烤箱，以上火 230℃、下火 210℃烘烤 15 分鐘，並按蒸氣 3 秒。出爐後震盤拿出。

14

準備好黑椒美乃滋、有機生菜、鮪魚玉米餡和起司。

15

將麵包從側下方切開，先抹上黑椒美乃滋，再依序放上有機生菜、鮪魚玉米和起司即可。

[麵團製作]

慢速攪拌
2 min.

快速攪拌
8 min.

出缸麵溫
25℃

麵團分割
230 g

發酵溫度
32℃

發酵濕度
75%

EUROPEAN SOFT BREAD

黑麥黃瓜風味火腿

🔥 上火 230℃　　🔥 下火 210℃　　🕐 時間 14min.　　 蒸氣 3sec.

材料

[裝飾粉]

日式麵包粉	200 克
孜然粉	20 克

[芥末美乃滋]

美乃滋	200 克
粗粒芥末籽	20 克

[麵團]

日式麵包粉	800 克
黑小麥粉	200 克
膳食纖維粉	40 克
黑麥酸麵種	100 克
低鈉鹽	15 克
水	700 克
奶油	20 克
小茴香	6 克
新鮮酵母 16 克／乾酵母 8 克	

事先準備：

- **芥末美乃滋**／將美乃滋和粗粒芥末籽混合均勻備用。

- **裝飾粉**／將日式麵包粉和孜然粉混合均勻備用。

做法

1 將麵團所有材料（除奶油外）倒入鋼盆中，先慢速攪拌 2 分鐘，再快速攪拌約 6 分鐘。

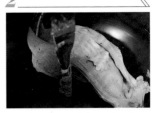

2 當麵筋擴展後加入奶油，改以慢速把奶油攪拌均勻，使整個奶油被麵團吸收。

3 取出麵團移至烤盤上，放進發酵箱，以溫度 32℃、相對濕度 75% 發酵約 40 分鐘，當麵團漲到 2 倍大時取出。

4 分割麵團，每顆 230 克。

5 將麵團收口整成圓形，依序排入烤盤上，放進發酵箱，以溫度 32℃、相對濕度 75% 發酵 40 分鐘後取出。

6 桌面撒些高筋麵粉，拿出一個放在桌面上，用手輕拍，排出 1/3 的氣體。

7 從上收 1/3 到中間，按緊。

8 從下收 1/3 到中間，按緊。

慢速攪拌
2 min.

快速攪拌
6 min.

出缸麵溫
25℃

麵團分割
230 g

發酵溫度
32℃

發酵濕度
75 %

9

用手從上往下推壓收口。

10

從中間均勻地往兩邊搓成一個長條狀。

11

將麵團依序排入烤盤上,放進發酵箱,以溫度 32℃、相對濕度 75% 發酵 40 分鐘。

12

麵團表面撒上高筋麵粉後,進烤箱,以上火 230℃、下火 210℃烘烤 14 分鐘,並按蒸氣 3 秒。

13

出爐後震盤拿出。

14

準備好芥末美乃滋、有機生菜、新鮮番茄片、火腿、酸黃瓜、起司和新鮮洋蔥絲。

15

將麵包從側下方切開,先抹上芥末美乃滋,再依序擺上生菜、番茄片、火腿、酸黃瓜、洋蔥絲和起司即可。

黑麥青檸鮭魚

🔥 上火 230℃　　🔥 下火 210℃　　🕐 時間 14min.　　 蒸氣 3sec.

材料

[檸檬美乃滋]

美乃滋	200 克
青檸汁	10 克
黃檸檬絲	10 克

[麵團]

日式麵包粉	800 克
黑小麥粉	200 克
膳食纖維粉	40 克
黑麥酸麵種	100 克
低鈉鹽	15 克
水	700 克
奶油	20 克
新鮮酵母 16 克／乾酵母 8 克	

事先準備：

- **檸檬美乃滋**／將美乃滋、青檸汁、黃檸檬絲攪拌均勻即可。。

做法

1

將麵團所有材料（除奶油外）倒入鋼盆中，先慢速攪拌 2 分鐘，再快速攪拌約 8 分鐘。

2

當麵筋擴展後加入奶油，改以慢速把奶油攪拌均勻，使整個奶油被麵團吸收。

3

取出麵團移至烤盤上，放進發酵箱，以溫度 32℃、相對濕度 75% 發酵約 40 分鐘，當麵團漲到 2 倍大時取出。

4

分割麵團，每顆 230 克。

5

將麵團收口整成圓形，依依序排入烤盤上，放進發酵箱，以溫度 32℃、相對濕度 75% 發酵 40 分鐘後取出。

6

桌面撒些高筋麵粉，拿出一個放在桌面上，用手輕拍，排出 1/3 的氣體。

7

從上收 1/3 到中間，按緊。從下收 1/3 到中間，按緊。

8

用手從一個方向推壓收口。

9

從中間均勻地往兩邊搓成一個長條狀。

10

麵團依序排入烤盤上，放進發酵箱，以溫度 32℃、相對濕度 75% 發酵 40 分鐘後進烤箱，以上火 230℃、下火 210℃烘烤 14 分鐘，並按蒸氣 3 秒。

11

出爐後震盤拿出。

12

準備好檸檬美乃滋、有機生菜、新鮮洋蔥絲、起司、鮭魚和小蔥花碎。

13

將麵包從側面切開，先抹上芥末美乃滋，再依序擺上有機生菜、鮭魚、洋蔥絲和起司，最後撒上小蔥花碎即可。

[麵團製作]

慢速攪拌
2 min.

快速攪拌
8 min.

出缸麵溫
25℃

麵團分割
230g

發酵溫度
32℃

發酵濕度
75%

黑麥洋蔥烤培根

🔥 上火 220℃　　🔥 下火 210℃　　🕐 時間 14min.　　🥦 蒸氣 3sec.

材料

[表面裝飾]
起司粉　　　　　　適量

[美乃滋]
美乃滋　　　　　200 克

[洋蔥烤培根]
培根碎　　　　　660 克
洋蔥絲　　　　　220 克
黑胡椒　　　　　　12 克
孜然粉　　　　　　20 克

[麵團]
日式麵包粉　　　800 克
黑小麥粉　　　　200 克
膳食纖維粉　　　　40 克
黑麥酸麵種　　　100 克
低鈉鹽　　　　　　15 克
水　　　　　　　700 克
奶油　　　　　　　20 克
新鮮酵母 16 克／乾酵母 8 克

事先準備：

- 洋蔥烤培根／將培根碎、洋蔥絲、黑胡椒和孜然粉混合均勻後,進烤箱,以上火 200℃、下火 180℃烘烤 12 分鐘(先烘烤 7 分鐘,翻盤再烤 5 分鐘)。

做法

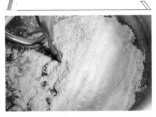

1. 將麵團所有材料(除奶油外)倒入鋼盆中,先慢速攪拌 2 分鐘,再快速攪拌約 6 分鐘左右。

2. 當麵筋擴展後加入奶油,改以慢速把奶油攪拌均勻,使整個奶油被麵團吸收。

3. 取出麵團移至烤盤上,放進發酵箱,以溫度 32℃、相對濕度 75% 發酵約 40 分鐘,當麵團漲到 2 倍大時取出。

4. 分割麵團,每顆 230 克。

5. 將麵團收口整成圓形,依序放在烤盤上,放進發酵箱,以溫度 32℃、相對濕度 75% 發酵約 40 分鐘後取出。

6. 桌面撒些高筋麵粉,拿出一個放在桌面上,用手輕拍排出氣體。

7. 從上收 1/3 到中間,按緊。

8. 從下收 1/3 到中間,按緊。

9

用手從一個方向推壓收口。

10

從中間均勻地往兩邊搓成一個長條狀，表面沾水。

11

將麵團表面黏上起司粉。

12

麵團依序放在烤盤上，進發酵箱，以溫度 32℃、相對濕度 75% 發酵約 40 分鐘後進烤箱，以上火 230℃、下火 210℃烘烤 14 分鐘，並按蒸氣 3 秒。

13

出爐後震盤拿出。

14

準備好美乃滋、有機生菜、新鮮番茄片、起司、洋蔥烤培根和酸黃瓜。

15

將麵包從側下方切開，先抹上美乃滋，再依序擺上有機生菜、番茄片、酸黃瓜和洋蔥烤培根，最後放上起司。

阿拉丁

 上火 230℃　 下火 190℃　🕐 時間 18min.　 蒸氣 2sec.

材料

[蜜桃起司餡]

奶油起司	200 克
卡士達醬	150 克
細砂糖	100 克
蜜桃果餡	250 克

[麵團]

高筋麵粉	1000 克
膳食纖維粉	40 克
細砂糖	70 克
低鈉鹽	8 克
湯種	100 克
水	720 克
葡萄乾	50 克
蔓越莓乾	50 克
奶油	30 克
新鮮酵母 24 克／乾酵母 12 克	

事先準備：

- **卡士達醬**／同 P.24 做法。

- **蜜桃起司餡**／將奶油起司與
  細砂糖混合拌勻後，加入蜜
  桃果餡和卡士達醬攪拌均勻
  即可。

做法

1
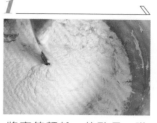
將高筋麵粉、乾酵母、膳
食纖維粉、鹽、湯種和細
砂糖倒入水中，先慢速攪
拌 2 分鐘，再快速攪拌約 8
分鐘。

2

當麵筋擴展後加入奶油，
改以慢速把奶油攪拌均勻，
使整個奶油被麵團吸收。

3

將麵團分為 1400 克的大麵
團和 500 克的小麵團。

4

將葡萄乾和蔓越莓乾加入
大麵團中，拌勻後取出。

5

取出麵團移至烤盤上，放
進發酵箱，以溫度 32℃、
相對濕度 75% 發酵約 40
分鐘，當麵團漲到 2 倍大
時取出。

6

有果乾的麵團分為 200 克
一顆，無果乾的麵團分為
50 克一顆。放進發酵箱，
以溫度 32℃、相對濕度
75% 發酵約 40 分後鐘取
出。

7

先將 50 克的麵團搓成長條
備用。用手輕拍有果乾的麵
團，排出 1/3 的氣體，將蜜
桃起司餡裝入擠花袋中，擠
在麵團中間。

8

收口成橄欖形，並將收口
底部朝下。

9

將做好的長條麵團放在橄欖形麵團上,兩邊頭部分別收到橄欖形麵團下方。

10

將麵團剪成如圖的形狀。

11

將麵團放在墊有耐高溫布的網盤架上,放進發酵箱,以溫度 32℃、相對濕度 75% 發酵約 40 分後鐘取出。

12

麵團表面撒上高筋麵粉後,進烤箱,以上火 230℃、下火 190℃烘烤 18 分鐘,並按蒸氣 2 秒。

13

出爐後震盤拿出。

[麵團製作]

慢速攪拌
2 min.
快速攪拌
8 min.

出缸麵溫
25℃

麵團分割
50g 和 200g

發酵溫度
32℃
發酵濕度
75%

EUROPEAN SOFT BREAD

博士圖軟法

🔥 上火 240℃　　🔥 下火 190℃　　🕐 時間 18min.　　▽ 蒸氣 2sec.

材料

[麵團]

高筋麵粉	1000 克
膳食纖維粉	40 克
細砂糖	70 克
低鈉鹽	8 克
湯種	100 克
水	720 克
葡萄乾	50 克
蔓越莓乾	50 克
奶油	30 克
新鮮酵母 24 克／乾酵母 12 克	

做法

1
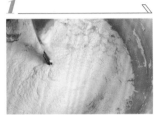
將高筋麵粉、乾酵母、膳食纖維粉、鹽、湯種和細砂糖倒入水中,先慢速攪拌 2 分鐘,再快速攪拌約 8 分鐘。

2

當麵筋擴展後加入奶油,改以慢速把奶油攪拌均勻,使整個奶油被麵團吸收。

3

將揉好的麵團分為 1400 克的大麵團和 500 克的小麵團。

4

將切碎的葡萄乾和蔓越莓乾加入 1400 克的大麵團中,攪拌均勻。

5

取出麵團移至烤盤上,放進發酵箱,以溫度 32℃、相對濕度 75% 發酵約 40 分鐘,當麵團漲到 2 倍大時取出。

6
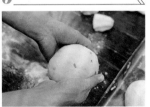
將 1400 克的麵團分為 200 克一顆,500 克的麵團分為 25 克一顆,將所有麵團收圓。

慢速攪拌
2 min.

快速攪拌
8 min.

出缸麵溫
25℃

麵團分割
25g 和 200g

發酵溫度
32℃

發酵濕度
75%

7

用手輕拍小麵團排氣，並將其搓成長條。

8

所有麵團依序排入烤盤上，放進發酵箱，以溫度 32℃、相對濕度 75% 發酵約 40 分鐘後取出。

9

拿出長條麵團，繼續搓長，並將兩個長條交叉纏繞一起。

10

將 200 克的麵團收成橄欖形，倒放在纏繞好的長條麵團上。

11

再翻轉過來，調整形狀。

12

將麵團放在墊有耐高溫布的網盤架上，放進發酵箱，以溫度 32℃、相對濕度 75% 發酵約 40 分鐘後取出。

13

在麵團表面撒上高筋麵粉，並在表面劃刀（如圖所示）。進烤箱，以上火 240℃、下火 190℃烘烤 18 分鐘，並按蒸氣 2 秒。

14

出爐後震盤拿出。

EUROPEAN SOFT BREAD

巴黎風情

 上火 240℃　　　下火 190℃　　　 時間 18min.　　　蒸氣 2sec.

材料

[巴黎風情餡]

奶油起司	200 克
細砂糖	100 克
蔓越莓乾	100 克

[麵團]

高筋麵粉	1000 克
膳食纖維粉	40 克
細砂糖	70 克
低鈉鹽	8 克
湯種	100 克
水	700 克
奶油	30 克
新鮮酵母 26 克／乾酵母 13 克	

事先準備：

- **巴黎風情餡**／將奶油起司與細砂糖混合拌勻後，加入蔓越莓乾攪拌均勻。

做法

1
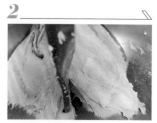
將麵團所有材料（除奶油外）倒入鋼盆中，先慢速攪拌 2 分鐘，再快速攪拌約 8 分鐘。

2

當麵筋擴展後加入奶油，改以慢速把奶油攪拌均勻，使整個奶油被麵團吸收。

3

將揉好的麵團分為 1300 克的大麵團和 500 克的小麵團。

4

將大麵團和小麵團收圓，移至烤盤上，放進發酵箱，以溫度 32℃、相對濕度 75% 發酵 40 分鐘，當麵團漲到 2 倍大時取出。

5

將 1300 克的麵團分為 180 克一顆，500 克的麵團分為 70 克一顆。

6
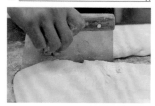
麵團全部收圓，依序放到烤盤上。放進發酵箱，以溫度 32℃、相對濕度 75% 發酵約 40 分鐘後取出。

7

取出 180 克的麵團，用手輕拍排出氣體。

8

將巴黎風情餡裝入擠花袋中，擠在麵團中間。

9

從頭開始收起，最後收成橄欖形。

10

將 70 克麵團擀成橢圓形麵皮，並在表面刷上油。

11

將橄欖形麵團放到刷油的麵皮上，並將兩邊收口收緊。

12

將麵團放在墊有耐高溫布的網盤架上，進發酵箱，以溫度 32℃、相對濕度 75% 發酵約 40 分鐘後，用條紋紙撒上高筋麵粉。

13

在表面有間隔地劃 6 刀（劃完後的形狀如圖所示），進烤箱，以上火 240℃、下火 190℃烘烤 18 分鐘，並按蒸氣 2 秒。

14

出爐後震盤拿出。

[麵團製作]

慢速攪拌
2 min.

快速攪拌
8 min.

出缸麵溫
25℃

麵團分割
180g 和 70g

發酵溫度
32℃

發酵濕度
75%

EUROPEAN SOFT BREAD

法式修酪

🔥 上火 240℃　　🔥 下火 190℃　　🕐 時間 18min.　　△ 蒸氣 2sec.

材料

[麵團]

高筋麵粉	1000 克
膳食纖維粉	40 克
細砂糖	70 克
低鈉鹽	8 克
湯種	100 克
水	720 克
葡萄乾	50 克
蔓越莓乾	50 克
奶油	30 克
新鮮酵母 24 克／乾酵母 12 克	

做法

1

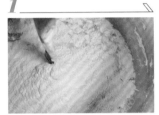

將高筋麵粉、乾酵母、膳食纖維粉、鹽、湯種和細砂糖倒入水中，先慢速攪拌 2 分鐘，再快速攪拌約 8 分鐘。

2

當麵筋擴展後加入奶油，改以慢速把奶油攪拌均勻，使整個奶油被麵團吸收。

3

將揉好的麵團分為 1400 克的大麵團和 500 克的小麵團。

4

將切碎的葡萄乾和蔓越莓乾加入 1400 克的大麵團中，攪拌均勻。

5

取出麵團移至烤盤上，放進發酵箱，以溫度 32℃、相對濕度 75% 發酵約 40 分鐘，當麵團漲到 2 倍大時取出。

6

分割麵團，1400 克的麵團分為 180 克一顆，500 克的麵團分為 70 克一顆。將 180 克的麵團整成正方形，70 克的麵團收圓，依序排入烤盤上，放進發酵箱，以溫度 32℃、相對濕度 75% 發酵約 40 分鐘後取出。

慢速攪拌
2 min.

快速攪拌
8 min.

出缸麵溫
25℃

麵團分割
180g 和 70g

發酵溫度
32℃

發酵濕度
75%

7

將 70 克的麵團擀成麵皮，並在表面刷上油。

8

用手輕拍 180 克的麵團，排出氣體。

9

將 180 克的麵團依圖對折，最後整成正方形。

10

將 180 克的麵團放到刷油的麵皮上，並用麵皮包住。

11

將包好的麵團翻轉過來，放在墊有耐高溫布的網盤架上，進發酵箱，以溫度 32℃、相對濕度 75% 發酵約 40 分鐘後取出。

12

麵團表面撒上高筋麵粉後，先劃十字刀口中的橫刀口，再劃豎刀口。

13

再將所分的四個區域劃刀口（如圖所示），進烤箱，以上火 240℃、下火 190℃ 烘烤 18 分鐘，並按蒸氣 2 秒。

14

出爐後震盤拿出。

EUROPEAN SOFT BREAD

粉色戀人

🔥 上火 230℃　　🔥 下火 190℃　　🕐 時間 18min.　　🌫 蒸氣 2sec.

材料

[粉色戀人餡]

奶油起司	200 克
細砂糖	100 克
草莓乾	100 克

[麵團]

高筋麵粉	1000 克
膳食纖維粉	40 克
細砂糖	70 克
低鈉鹽	8 克
湯種	100 克
水	650 克
草莓果餡	150 克
奶油	20 克
草莓粉	50 克
新鮮酵母 26 克／乾酵母 13 克	

事先準備：

- **粉色戀人餡**／將奶油起司、細砂糖混合拌勻後，加入草莓乾拌勻。

做法

1

將麵團所有材料（除奶油外）倒入鋼盆中，先慢速攪拌 2 分鐘，再快速攪拌約 8 分鐘。

2

當麵筋擴展後加入奶油，改以慢速把奶油攪拌均勻，使整個奶油被麵團吸收。

3

將麵團移至烤盤上，放進發酵箱，以溫度 32℃、相對濕度 75% 發酵約 40 分鐘，當麵團漲到 2 倍大時取出。

4

分割麵團，每顆 230 克。

5

桌面撒些高筋麵粉，把麵團取出，用手輕拍排出氣體。

6

從上收 1/3 到中間，按緊。

7

再從上向下收口。

8

從中間均勻地往兩邊搓成一個長條狀，依序放在烤盤上，放進發酵箱，以溫度 32℃、相對濕度 75% 發酵約 40 分鐘後取出。

9

用手輕拍，排出 1/3 的氣體，並將粉色戀人餡裝在擠花袋中，擠在麵團中間。

10

收口依序收緊，成一個圓柱狀。

11

最後將麵團調整成圖中的形狀，放在墊有耐高溫布的網盤架上，進發酵箱，以溫度32℃、相對濕度75% 發酵約40 分鐘後取出。

12

麵團表面用條紋紙撒上高筋麵粉後，放進烤箱，以上火230℃、下火 190℃ 烘烤 18分鐘，並按蒸氣 2 秒。

13

出爐後震盤拿出。

[麵團製作]

慢速攪拌
2 min.

快速攪拌
8 min.

出缸麵溫
25℃

麵團分割
230g

發酵溫度
32℃

發酵濕度
75%

EUROPEAN SOFT BREAD

蘭姆葡萄乳酪

🔥 上火 230℃　　🔥 下火 190℃　　🕐 時間 18min.　　🌫 蒸氣 2sec.

材料

[蘭姆起司餡]

奶油起司	200 克
細砂糖	50 克
蔓越莓乾	100 克

[麵團]

高筋麵粉	1000 克
膳食纖維粉	40 克
細砂糖	70 克
低鈉鹽	8 克
湯種	100 克
水	720 克
葡萄乾	100 克
奶油	20 克
新鮮酵母 26 克／乾酵母 13 克	

事先準備：

- **蘭姆起司餡**／將奶油起司與細砂糖混合拌勻後，加入蔓越莓乾拌勻即可。

做法

1 將朗姆酒倒入切碎的葡萄乾中，浸泡約 10 分鐘。

2 將高筋麵粉、乾酵母、膳食纖維粉、鹽、湯種和細砂糖倒入水中，先慢速攪拌 2 分鐘，再快速攪拌約 8 分鐘。

3 當麵筋擴展後加入奶油，改以慢速把奶油攪拌均勻，使整個奶油被麵團吸收。

4 加入朗姆葡萄乾，攪拌均勻。

5 將麵團移至烤盤上，放進發酵箱，以溫度 32℃、相對濕度 75% 發酵約 40 分鐘，當麵團漲到 2 倍大時取出。

6 分割麵團，每顆 230 克。

[麵團製作]

慢速攪拌
2 min.

快速攪拌
8 min.

出缸麵溫
25℃

麵團分割
230 g

發酵溫度
32℃

發酵濕度
75 %

7

桌面撒些高筋麵粉，把麵團拿出來，用手輕拍，排出 1/3 的氣體。

8

從上收 1/3 到中間，按緊。

9

從上向下收口，與底部合緊。

10

從中間均勻地往兩邊搓成一個長條狀，放進發酵箱，以溫度 32℃、相對濕度 75% 發酵約 40 分鐘後拿出。

11

桌面撒些高筋麵粉，將麵團放在桌面上，用手輕拍排出氣體。

12

將蘭姆起司餡裝在擠花袋中，擠在麵團中間。收口依序收緊。

13

將麵團交叉纏繞，收成圖中的形狀，放在墊有耐高溫布的網盤架上，放進發酵箱，以溫度 32℃、相對濕度 75% 發酵約 40 分鐘後拿出。

14

麵團表面用條紋紙撒上高筋麵粉後，進烤箱，以上火 230℃、下火 190℃烘烤 8 分鐘，並按蒸氣 2 秒。出爐後震盤拿出。

EUROPEAN SOFT BREAD

麗香伯爵

 上火 240℃   下火 190℃   時間 18min.   蒸氣 2sec.

材料

高筋麵粉	1000 克
膳食纖維粉	40 克
細砂糖	70 克
低鈉鹽	8 克
湯種	100 克
水	720 克
葡萄乾	50 克
蔓越莓乾	50 克
奶油	30 克
新鮮酵母 24 克／乾酵母 12 克	

做法

1
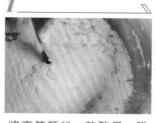

將高筋麵粉、乾酵母、膳食纖維粉、鹽、湯種和細砂糖倒入水中，先慢速攪拌 2 分鐘，再快速攪拌約 8 分鐘。

2
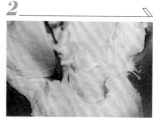

當麵筋擴展後加入奶油，慢速把奶油攪拌均勻，使整個奶油被麵團吸收。

3

將揉好的麵團分為 1400 克的大麵團和 500 克的小麵團。

4

將切碎的葡萄乾和蔓越莓乾加入 1400 克的大麵團中，攪拌均勻。

5

取出麵團移至烤盤上，放進發酵箱，以溫度 32℃、相對濕度 75% 發酵約 40 分鐘，當麵團漲到 2 倍大時取出。

6
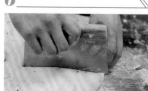

分割麵團，有果乾的麵團每顆 200 克，不含果乾的麵團每顆 25 克。

7

將 200 克的麵團收圓。

8

用手輕拍 25 克的小麵團排氣，並從上收 1/3 到中間，按緊。

9

用手從一個方向推壓收口，從中間均勻地往兩邊搓成一個長條狀。

10

所有麵團依序排入烤盤上，放進發酵箱，以溫度 32℃、相對濕度 75% 發酵約 40 分鐘後拿出。

11

桌面撒些高筋麵粉，用手輕拍有果乾的麵團排氣，並收成橄欖形，收口朝下。

12

用手輕拍沒有果乾的麵團排氣，並將其編成一條辮子。

13

將收成橄欖形的麵團放在編好的辮子上。

14

辮子兩邊收口，朝中間對折後，合緊收口。

15

將麵團翻轉過來，放在墊有耐高溫布的網盤架上，放進發酵箱，以溫度 32℃、相對濕度 75% 發酵約 40 分鐘後拿出

16

麵團表面撒上高筋麵粉，在兩邊側面劃刀（如圖所示）。進烤箱，以上火 240℃、下火 190℃烘烤 18 分鐘，並按蒸氣 2 秒。出爐後震盤拿出。

[麵團製作]

慢速攪拌
2 min.

快速攪拌
8 min.

出缸麵溫
25℃

麵團分割
200g 和
25g×3

發酵溫度
32℃

發酵濕度
75%

EUROPEAN SOFT BREAD

可可起司

🔥 上火 230℃　　🔥 下火 190℃　　🕐 時間 8min.　　△ 蒸氣 2sec.

材料

[可可起司餡]

細砂糖	50 克
奶油起司	200 克
卡士達醬	250 克
可可粉	20 克

[可可酥粒]

奶油	100 克
細砂糖	200 克
低筋麵粉	200 克
可可粉	20 克

[麵團]

高筋麵粉	1000 克
可可粉	20 克
膳食纖維粉	40 克
細砂糖	80 克
低鈉鹽	8 克
湯種	100 克
水	720 克
奶油	20 克
新鮮酵母 24 克／乾酵母 12 克	

事先準備：

- **卡士達醬**／同 P.24 做法。

- **可可起司餡**／將奶油起司與細砂糖混合拌勻後，加入卡士達醬和可可粉拌勻。

- **可可酥粒**／將奶油、可可粉、細砂糖和低筋麵粉用手抓均勻即可。

做法

1

將麵團所有材料（除奶油外）倒入鋼盆中，先慢速攪拌 2 分鐘，再快速攪拌約 8 分鐘。

2

當麵筋擴展後加入奶油，慢速把奶油攪拌均勻，使整個奶油被麵團吸收。

3

將麵團移至烤盤上，放進發酵箱，以溫度 32℃、相對濕度 75% 發酵約 40 分鐘，當麵團漲到 2 倍大時取出。

4

把麵團分割為 230 克一顆。桌面撒些高筋麵粉，取出麵團拿，用手輕拍，排出 1/3 的氣體。

5

從上收 1/3 到中間，按緊。

6

從上向下收口，與底部合緊。

慢速攪拌
2 min.

快速攪拌
8 min.

出缸麵溫
22℃

麵團分割
230 g

發酵溫度
32℃

發酵濕度
75 %

7

從中間均勻地往兩邊搓成一個長條狀，依序放在烤盤上，放進發酵箱，以溫度 32℃、相對濕度 75% 發酵約 40 分鐘後取出。

8

桌面撒些高筋麵粉，取出麵團放在桌面上，用手輕拍排出氣體，並將可可起司餡裝在擠花袋中，擠在麵團中間。

9

收口依序收緊，結尾處留出一小段，用擀麵棍擀平。

10

最後在結尾處把開頭收進來，形成一個圓形。

11

將麵團表面沾水後，均勻地黏上可可酥粒。

12

將麵團放在墊有耐高溫布的網盤架上，放進發酵箱，以溫度 32℃、相對濕度 75% 發酵約 40 分鐘後進烤箱，以上火230℃、下火 190℃烘烤 8 分鐘，並按蒸氣 2 秒。

13

出爐後震盤拿出。

EUROPEAN SOFT BREAD

榴槤刺蝟

🔥 上火 230℃　　🔥 下火 200℃　　🕐 時間 8min.　　🌰 蒸氣 2sec.

材料

[榴槤奶露餡]

榴槤奶露	150 克
奶油起司	100 克
細砂糖	100 克
榴槤果肉	200 克

[麵團]

高筋麵粉	1000 克
膳食纖維粉	40 克
細砂糖	70 克
低鈉鹽	8 克
湯種	100 克
水	500 克
奶油	20 克
榴槤奶露	150 克
抹茶粉	10 克
新鮮酵母 26 克／乾酵母 13 克	

事先準備：

- **榴槤奶露餡**／將奶油起司與細砂糖混合拌勻後，加入榴槤奶露和榴槤果肉拌勻即可。

做法

1

將高筋麵粉、乾酵母、膳食纖維粉、鹽、湯種、細砂糖、水和榴槤奶露倒入鋼盆中，先慢速攪拌 2 分鐘，再快速攪拌約 8 分鐘。

2

當麵筋擴展後加入奶油，改以慢速把奶油攪拌均勻，使整個奶油被麵團吸收。

3

取出麵團，分出 560 克，其餘麵團收圓並移至烤盤上。

4
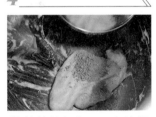
將抹茶粉加入 560 克的麵團中，攪拌均勻。

5

將揉好的麵團移至烤盤上，放進發酵箱，以溫度 32℃、相對濕度 75% 發酵約 40 分鐘，當麵團漲到 2 倍大時取出。

6

將抹茶麵團分為 70 克一顆，並收成圓形。

[麵團製作]

慢速攪拌
2 min.

快速攪拌
8 min.

出缸麵溫
25℃

麵團分割
180g 和 70g

發酵溫度
32℃

發酵濕度
75%

7

將白色麵團分為 180 克一顆，也收成圓形。

8

所有麵團依序排入烤盤上，放進發酵箱，以溫度 32℃、相對濕度 75% 發酵約 40 分鐘拿後取出。

9

桌面撒些高筋麵粉，用手輕拍白色麵團排氣，並將榴槤奶露餡裝在擠花袋中，擠在麵團中間。

10

將麵團收口，調整成橄欖形。將抹茶麵團擀成橢圓形，並將橄欖形麵團放在上面。

11

收口依序收緊。

12

將麵團放在墊有耐高溫布的網盤架上放進發酵箱，以溫度 32℃、相對濕度 75% 發酵約 40 分鐘拿後取出

13

麵團表面撒上高筋麵粉後，劃斜刀，並依序剪成小口。

14

進烤箱，以上火 230℃、下火 200℃烘烤 8 分鐘，並按蒸氣 2 秒。出爐後震盤拿出。

抹茶蝸牛捲

🔥 上火 230℃　🔥 下火 190℃　🕐 時間 8min.　🌫 蒸氣 2sec.

材料

[抹茶起司餡]

奶油起司	200 克
卡士達醬	300 克
糖漬紅豆	100 克

[麵團]

高筋麵粉	1000 克
膳食纖維粉	40 克
抹茶粉	20 克
細砂糖	70 克
低鈉鹽	8 克
湯種	100 克
水	750 克
奶油	20 克
新鮮酵母 24 克／乾酵母 12 克	

事先準備：

▪ **卡士達醬**／同 P.24 做法。

▪ **抹茶起司餡**／先將奶油起司攪打均勻後，加入卡士達醬和糖漬紅豆拌勻即可。

做法

1

將高筋麵粉、乾酵母、膳食纖維粉、鹽、湯種、抹茶粉和細砂糖倒入水中，先慢速攪拌 2 分鐘，再快速攪拌約 5 分鐘。

2

當麵筋擴展後加入奶油，改以慢速把奶油攪拌均勻，使整個奶油被麵團吸收。

3

麵團移至烤盤上，放進發酵箱，以溫度 32℃、相對濕度 75% 發酵約 40 分鐘，當麵團漲到 2 倍大時取出。

4

麵團分割為 230 克一顆。

5

用手輕拍麵團，排出 1/3 的氣體。從上收 1/3 到中間，按緊。

6

再從上面收到下面。

7

從中間均勻地往兩邊搓成一個長條狀，長度約 40 公分。

8

將麵團依序排入烤盤上，放進發酵箱，以溫度 32℃、相對濕度 75% 發酵約 40 分鐘後取出。

9

桌面撒些高筋麵粉，用手輕
拍麵團，排出 1/3 的氣體。

10

將抹茶起司餡裝在擠花袋
中，擠在麵團中間，收口從
頭開始收緊。

11

將麵團盤成蝸牛的形狀。

12

將麵團放在墊有耐高溫布的
網盤架上，放進發酵箱，以
溫度 32℃、相對濕度 75% 發
酵約 40 分鐘後取出。

13

用條紋紙在麵團表面撒上高
筋麵粉後，進烤箱，以上火
230℃、下火 190℃烘烤 8 分
鐘，並按蒸氣 2 秒。

14

出爐後震盤拿出。

[麵團製作]

慢速攪拌
2 min.

快速攪拌
5 min.

出缸麵溫
25℃

麵團分割
230 g

發酵溫度
32℃

發酵濕度
75%

EUROPEAN SOFT BREAD

抹茶幸運環

🔥 上火 230℃　　🔥 下火 190℃　　🕐 時間 8min.　　🎋 蒸氣 2sec.

材料

[抹茶起司餡]

奶油起司	200 克
糖漬紅豆	100 克
卡士達醬	300 克

[雪花皮]

動物性鮮奶油	100 克
煉乳	100 克
高筋麵粉	100 克

[麵團]

高筋麵粉	1000 克
膳食纖維粉	40 克
抹茶粉	20 克
細砂糖	70 克
低鈉鹽	8 克
湯種	100 克
水	750 克
奶油	20 克
新鮮酵母 24 克／乾酵母 12 克	

事先準備：

- **卡士達醬**／同 P.24 做法。
- **抹茶起司餡**／先將奶油起司攪打均勻後，加入卡士達醬和糖漬紅豆拌勻。
- **雪花皮**／將鮮奶油、煉乳和高筋麵粉混合拌勻。

做法

1

將高筋麵粉、乾酵母、膳食纖維粉、鹽、湯種、抹茶粉和細砂糖倒入水中，先慢速攪拌 2 分鐘，再快速攪拌約 5 分鐘。

2

當麵筋擴展後加入奶油，改以慢速把奶油攪拌均勻，使整個奶油被麵團吸收。

3

將麵團移至烤盤上，放進發酵箱，以溫度 32℃、相對濕度 75% 發酵約 40 分鐘，當麵團漲到 2 倍大時取出。

4

將麵團分割為 230 克一顆。

5

用手輕拍麵團，排出 1/3 的氣體。

6

從上收 1/3 到中間，按緊。再從上面收到下面。

203

[麵團製作]

慢速攪拌
2 min.
快速攪拌
5 min.

出缸麵溫
25℃

麵團分割
230g

發酵溫度
32℃
發酵濕度
75%

7

從中間勻地往兩邊搓成一個長條狀，長度約 40 公分。

8

將麵團依序排入烤盤上，放進發酵箱，以溫度 32℃、相對濕度 75% 發酵約 40 分鐘後取出。

9

桌面撒些高筋麵粉，用手輕拍麵團，排出 1/3 的氣體。並將抹茶起司餡裝在擠花袋中，擠在麵團中間。

10

將麵團從頭開始收緊，結尾處留出 4 公分。

11

將麵團收成一個圓形，並將收口收緊。

12

將調好形狀的麵團放在墊有耐高溫布的網盤架上，放進發酵箱，以溫度 32℃、相對濕度 75% 發酵約 40 分鐘後取出。

13

麵團表面撒上高筋麵粉，並將雪花皮擠在麵團上（如圖所示）。然後進烤箱，以上火 230℃、下火 190℃烘烤 8 分鐘，並按蒸氣 2 秒。

14

出爐後震盤拿出。

EUROPEAN SOFT BREAD

芒果起司結

 上火 240℃　 下火 190℃　 時間 9min.　 蒸氣 2sec.

材料

[芒果起司餡]

奶油起司	200 克
細砂糖	50 克
芒果果餡	200 克
卡士達醬	100 克

[麵團]

高筋麵粉	1000 克
芒果果餡	100 克
膳食纖維粉	40 克
細砂糖	70 克
低鈉鹽	8 克
湯種	100 克
水	650 克
奶油	20 克
芒果乾	100 克
新鮮酵母 24 克／乾酵母 12 克	

事先準備：

- **卡士達醬**／同 P.24 做法。

- **芒果起司餡**／將奶油起司與細砂糖混合拌勻後，加入芒果果餡和卡士達醬攪拌均勻即可。

做法

1 將高筋麵粉、乾酵母、膳食纖維粉、鹽、湯種、細砂糖、水和芒果果餡倒入鋼盆中，先慢速攪拌 2 分鐘，再快速攪拌約 8 分鐘。

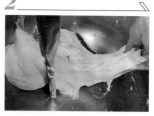

2 當麵筋擴展後加入奶油，改以慢速把奶油攪拌均勻，使整個奶油被麵團吸收。

3 加入芒果乾，攪拌均勻。

4 將麵團移至烤盤上，放進發酵箱，以溫度 32℃、相對濕度 75% 發酵約 40 分鐘，當麵團漲到 2 倍大時取出。

5 將麵團分為 230 克一顆。

6 用手輕拍麵團，排出 1/3 的氣體。從上收 1/3 到中間，按緊。

7 從一個方向收口，介面合緊，收口朝下。

8 從中間均勻地往兩邊搓成一個長條狀。

9

麵團依序排入烤盤上，放進發酵箱，以溫度 32℃、相對濕度 75% 發酵約 40 分鐘後取出。

10

桌面撒些高筋麵粉，用手輕拍麵團，排出 1/3 的氣體。

11

將芒果起司餡裝在擠花袋中，擠在麵團中間，並合緊收口。

12

將麵團的一邊先打一個結，並穿過繞一圈。

13

另一邊也以同樣做法，兩個結之間要間隔距離。

14

將調整好形狀的麵團放在墊有耐高溫布的網盤架上，放進發酵箱，以溫度 32℃、相對濕度 75% 發酵約 40 分鐘後取出。

15

在麵團表面撒上高筋麵粉，進烤箱，以上火 240℃、下火 190℃烘烤 9 分鐘，並按蒸氣 2 秒。

16

出爐後震盤拿出。

[麵團製作]

慢速攪拌
2 min.

快速攪拌
8 min.

出缸麵溫
25℃

麵團分割
230 g

發酵溫度
32℃

發酵濕度
75%

芒果多多

🔥 上火 230℃　　🔥 下火 190℃　　🕐 時間 8min.　　🌫 蒸氣 2sec.

材料

[芒果多多餡]

奶油起司	250 克
細砂糖	100 克
芒果餡	300 克

[麵團]

高筋麵粉	1000 克
芒果餡	150 克
膳食纖維粉	40 克
細砂糖	80 克
低鈉鹽	8 克
湯種	100 克
水	650 克
芒果乾	100 克
耐烘烤巧克力豆	50 克
新鮮酵母 24 克／乾酵母 12 克	

事先準備：

- **芒果多多餡**／將奶油起司與細砂糖混合拌勻後，加入芒果餡拌勻即完成。

做法

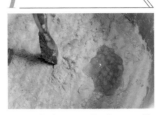

1 將高筋麵粉、乾酵母、膳食纖維粉、鹽、湯種、細砂糖、水和芒果餡倒入鋼盆中，先慢速攪拌 2 分鐘，再快速攪拌約 8 分鐘。

2 加入芒果乾和耐烘烤巧克力豆，攪拌均勻。

3 取出揉好的麵團，將其分成 1600 克和 400 克。

4 將麵團移至烤盤上，放進發酵箱，以溫度 32℃、相對濕度 75% 發酵約 40 分鐘，當麵團漲到 2 倍大時取出。

5 將大麵團分為 200 克一顆，用手輕拍，排出 1/3 的氣體。

6 從上收 1/3 到中間，按緊。

7 從中間均勻地往兩邊搓成一個長條狀。

8 將小麵團分為 50 克一顆，收口成圓形。

慢速攪拌
2 min.

快速攪拌
8 min.

出缸麵溫
25℃

麵團分割
200g 和 50g

發酵溫度
32℃

發酵濕度
75%

9

所有麵團依序排入烤盤上，放進發酵箱，以溫度 32℃、相對濕度 75% 發酵約 40 分鐘後取出。

10

桌面撒些高筋麵粉，用手輕拍圓形麵團，排出 1/3 的氣體，並將芒果多多餡裝在擠花袋中，擠在麵團中間。

11

將麵團收口，並調成圓形。桌面撒些高筋麵粉，用手輕拍長條麵團，排出氣體。

12

將芒果多多餡擠在長條麵團中間，最後留出 5 公分。

13

收口依序收緊，最後合成一個圓環，並捏緊收口處。

14

將圓形麵團放在圓環中間，放在墊有耐高溫布的網盤架上，放進發酵箱，以溫度 32℃、相對濕度 75% 發酵約 40 分鐘後取出。

15

麵團表面撒上高筋麵粉後，先在中間剪十字口，再將圓環處依序剪開一點小口，進烤箱，以上火 230℃、下火 190℃烘烤 8 分鐘，並按蒸氣 2 秒。出爐後震盤拿出。

養生全麥核桃

🔥 上火 240℃　　🔥 下火 190℃　　🕐 時間 12min.　　 蒸氣 2sec.

材料

[養生乳酪餡]

奶油起司	100 克
卡士達醬	150 克
細砂糖	50 克
葡萄乾碎	50 克

[麵團]

高筋麵粉	800 克
膳食纖維粉	40 克
細砂糖	70 克
低鈉鹽	8 克
湯種	100 克
水	700 克
熟核桃碎	100 克
奶油	20 克
全麥粉	200 克
新鮮酵母 24 克／乾酵母 12 克	

事先準備

- **卡士達醬**／同 P.24 做法。

- **養生乳酪餡**／將奶油起司與細砂糖混合拌勻後，加入卡士達醬和葡萄乾碎，攪拌均勻。

做法

1
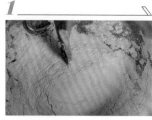

將高筋麵粉、全麥粉、乾酵母、膳食纖維粉、鹽、湯種和細砂糖倒入水中，先慢速攪拌 2 分鐘，再快速攪拌約 8 分鐘。

2
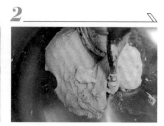

當麵筋擴展後加入奶油，改以慢速把奶油攪拌均勻，使整個奶油被麵團吸收。

3

加入熟核桃碎，攪拌均勻。

4

將麵團移至烤盤上，放進發酵箱，以溫度 32℃、相對濕度 75% 發酵約 40 分鐘，當麵團漲到 2 倍大時取出。

5

將麵團分為 230 克一顆。

6

將麵團收口，並整成圓形，依序排入烤盤上，中間要有間隔。

7

放進發酵箱，以溫度 32℃、相對濕度 75% 發酵約 40 分鐘後取出。

8

用手輕拍麵團，排些氣體。

9

將養生乳酪餡裝在擠花袋中，擠在麵團中間（不要擠太多）。

10

將麵團調整成橄欖形，放在墊有耐高溫布的網盤架上，放進發酵箱，以溫度 32℃、相對濕度 75% 發酵約 40 分鐘後取出。

11

麵團表面撒上高筋麵粉後，劃上 2 刀，中間要有間隔（如圖所示）。然後進烤箱，以上火 240℃、下火 190℃ 烘烤 12 分鐘，並按蒸氣 2 秒。

12

出爐後震盤拿出。

[麵團製作]

慢速攪拌
2 min.
快速攪拌
8 min.

出缸麵溫
25℃

麵團分割
230g.

發酵溫度
32℃
發酵濕度
75%

EUROPEAN SOFT BREAD

紫番薯

🔥 上火 230℃   🔥 下火 200℃   🕐 時間 8min.   ▽ 蒸氣 2sec.

材料

[紫薯起司餡]

奶油起司	250 克
細砂糖	50 克
紫薯泥塊	300 克
紫薯粉	300 克

[麵團]

高筋麵粉	1000 克
膳食纖維粉	40 克
細砂糖	80 克
低鈉鹽	10 克
湯種	100 克
水	550 克
熟紫薯泥	400 克
奶油	20 克
新鮮酵母 24 克／乾酵母 12 克	

事先準備：

- **紫薯起司餡**／將紫薯洗淨去皮，並切小塊，進電鍋蒸25 分鐘備用。先將奶油起司、細砂糖和紫薯粉混合拌勻後，加入紫薯泥塊拌勻。

做法

1

將麵團所有材料（除奶油外）倒入鋼盆中，先慢速攪拌 2 分鐘，再快速攪拌約 8 分鐘。

2

當麵筋擴展後加入奶油，改以慢速把奶油攪拌均勻，使整個奶油被麵團吸收。

3

將揉好的麵團移至烤盤上，放進發酵箱，以溫度32℃、相對濕度 75% 發酵約 40 分鐘，當麵團漲到 2 倍大時取出。

4

將麵團分為 230 克一顆。

5

將麵團收口，並整成圓形，依序排入烤盤上，放進發酵箱，以溫度 32℃、相對濕度 75% 發酵約 40 分鐘後取出。

6

用手輕拍麵團，排出一些氣體。

[麵團製作]

慢速攪拌
2 min.
快速攪拌
8 min.

出缸麵溫
25℃

麵團分割
230g

發酵溫度
32℃
發酵濕度
75%

7

將紫薯起司餡裝在擠花袋中，擠在麵團中間，下面留一段不擠。

8
將麵團收口收緊，並整成橄欖形。

9

將麵團表面沾水，再黏上紫薯粉。

10

將麵團放在墊有耐高溫布的網盤架上，放進發酵箱，以溫度 32℃、相對濕度 75% 發酵約 40 分鐘後進烤箱，以上火 230℃、下火 200℃烘烤 8 分鐘，並按蒸氣 2秒。

11

出爐後震盤拿出。

PART 6

做麵包時
常見問題
Q&A

關於基本問題

Q1 吐司如何才能做出牽絲感？

製作吐司時盡量將麵團擀長，可捲出多層次，再重複此步驟，便於拉絲。

Q2 冷凍麵團一般可以用幾天？

冷凍麵團建議 3 天內用完，用多少拿多少，剩下的可做老麵使用。特別注意的是，麵團冷凍的時間越長，酵母活性也會越差。

Q3 菠蘿包為何刷蛋黃而不是全蛋液？

因為要烤出很金黃色，需要透過刷蛋黃來加深表面顏色。

Q4 新鮮酵母和乾酵母哪個比較好？

使用乾酵母發麵比較穩定，但發麵的風味稍遜一籌；若使用新鮮酵母，其發麵風味很好，但需放冰箱冷藏，保存期限短。

Q5 老麵怎麼儲存？可以用多久？

老麵可直接用保鮮膜包起來，放進冰箱冷凍，第二天用的時候提前解凍，再和奶油一起加進去。

Q6 刷完蛋液後麵包烤出來為何有小氣泡？

若刷蛋液的手法太重，烤出來就會有氣泡。

關於秤重

首先，材料秤重是製作麵包的第一個環節，也是最重要的。因為這個環節出錯，將無法在後面步驟補救，秤料大致可分為乾粉類、液體類、油脂類和輔料類四類。

乾粉類：高筋麵粉、低筋麵粉、細砂糖、奶粉、水果粉、蔬菜粉、改良劑、膳食纖維等。

液體類：水、冰塊、牛奶、雞蛋、蛋黃、奶油等。

油脂類：奶油等。

輔料類：各種顆粒堅果、穀物、果乾等。

做麵包時常見問題
Q&A

關於和麵

Q1 製作鮮橙芒果軟歐時,為什麼橙皮丁要最後加進?

如果前期加入,顆粒會影響麵筋的形成,難以攪拌均勻。

Q2 軟歐麵包與甜麵包的和麵有什麼區別?

軟歐的麵團相對含水量大,粉量多,麵團在攪拌的力道要大一些。

Q3 麵種加主麵團有什麼比例?

常用比例是 10% ～ 20%,具體則要根據不同產品的風味來決定用量。

Q4 如果老麵要加入麵團裡,加多少的比例比較合適?

一般來說,以不加過 20% 較佳。但最主要看老麵是否發酸和所搭配的口味。

Q5 如何控制揉麵出來的溫度?比如麵溫會比較偏高?

夏天氣溫比較高時,配方中的水可按照 6：4 或 7：3 的比例替換成冰塊和麵。冬天可以加溫水,然後揉麵不要一直快速,先慢速再快速,這樣麵團溫度才不會偏高。

Q6 是不是所有歐式麵包的麵團都揉到像軟歐麵包一樣?

這個要根據不同國家的產品、系列以及不同麵粉來區分,簡單地解釋就是,中餐也有八大系,風味各不相同,歐式麵包也是一樣,要進行層層區分。這部分知識可以透過專業進修或技術慢慢沉澱來獲得。

Q7 揉麵出來的溫度要多少度?

一般揉麵出來的麵團溫度應控制在 22 ～ 25℃ 最佳,可選用探針式溫度計測量。

Q8 如果揉麵的麵溫偏高該怎麼辦?在冬天或夏天揉麵時溫度要如何控制?

如果是氣溫高,可以透過加冰塊來調節溫度,冬天則是加溫水來調整。

Q9 和麵是用快速還是慢速?

先用慢速,麵粉攪拌均勻後改快速。

Q10 揉麵團如果揉過頭會怎麼樣?

會很黏手,麵包烤出來會有點塌。

做麵包時常見問題
Q&A

關於麵團整形

Q1 麵團在整形時形狀壞了怎麼辦?

這個問題一般多出現在新手入門階段,建議經過專業的培訓,如果出現問題,也可以將麵團揉圓,放一邊鬆弛 15 分鐘左右,再操作一次。最好做到一次成形。

關於發酵

Q1 為什麼軟歐麵包要分三次發酵時間？

軟歐麵包一般透過三次發酵：第一次，打完麵可稱為基礎鬆弛發酵；第二次，分割麵團後可稱為基礎整形發酵；第三次，可稱為成品整形發酵。

Q2 剛開始不會看或看不出來麵包是否發酵到 2.5 倍大該怎麼辦？

可以用指尖輕輕按壓麵團，若洞沒有縮回去，基本上發酵完成。

Q3 家用烤箱沒發酵功能可以做麵包嗎？

發酵麵團有兩個必要的條件：溫度與濕度。可以將烤盤放置烤箱最底層，中間放上散熱架，將熱水倒入烤盤中，關上門，讓麵團達到發酵的效果。

Q4 麵包怎麼才算發酵好了？

當發酵到原體積的 2.5 倍大時即可。

關於烘烤

Q1 家用烤箱沒蒸氣怎麼辦？可以烤軟歐麵包嗎？

烤軟歐麵包時，當烤箱溫度達到，可以往烤箱噴水，再放入麵包，只是成品上沒有商用配套的烤箱那麼好。

Q2 用不同蔬菜粉、水果粉製作軟歐麵包，麵包烤出來就是相應的顏色嗎？

烤出來會有點差別，烘烤時要注意溫度，不要烤焦了，那樣顏色會比較難看。

Q3 一般烤箱和旋風烤箱有什麼區別？

拿曬衣服做比較，一般烤箱像用太陽曬衣服，旋風烤箱是用風把衣服吹乾。一般烤箱是透過上下導熱管熱循環加熱烘烤，旋風烤箱是透過裡面的風扇加導熱管熱循環風乾烘烤，一般烤箱以烤麵包、蛋糕居多，旋風烤箱則是烤酥類麵包、餅乾比較多。

Q4 做麵包時，烤箱溫度都是一樣嗎？

根據不同的烤箱而定，而烘烤方法有時在不同的設備與環境下需靈活變通，如果發現底火高了，可降 5 ～ 10℃，低了就升。

Q5 麵包上面為什麼要噴蒸氣？

麵包烘烤前噴蒸氣，大多數用在軟歐麵包，噴蒸氣的目的是為了防止麵包進烤箱時過早結皮，有效地讓麵包充分膨脹，表面澱粉糊化、焦化，這樣可以讓烤出來的麵包表皮有光澤。

做麵包時常見問題
Q&A

關於裝飾

Q1 為什麼軟歐麵包烘烤前要過篩麵粉？

具有裝飾麵包之效，有劃刀的還可防沾黏。

Q2 麵包那些好看的圖案是怎樣做的？

很多圖案可以自行設計並剪出來，在麵團烘烤前將圖形放在表面，再撒粉裝飾。

做麵包時常見問題
Q&A

關於成品

Q1 為什麼有時候烤出來的麵包會收縮？

原因有以下幾個方面：①選用的麵粉筋度不夠，麵筋不能充分形成；②麵粉中有過多的 α- 澱粉酶，加上麵包改良劑中的 α- 澱粉酶，使發酵中澱粉過度降解，沒辦法支撐；③麵團發酵過度，使得麵團過軟。

做麵包時常見問題
Q&A

關於補救

Q1 軟歐麵團揉過頭該怎麼辦？

萬一出現揉過頭的情況，①可以透過翻面多一次發酵步驟，產生膨脹，讓麵團彈性口感恢復；②再配一份加進去揉，第二次注意不要揉過頭。

Q2 關於麵包操作過程中，水加多加少的補救方法？

水如果加多了，一開始就加入高筋麵粉來補救；如果水少，就在後面步驟適當加水。

Q3 為什麼麵團發酵後會開裂？

原因有：①揉麵的時候麵筋沒打到位，讓麵筋沒充分擴展；②整形整得太緊；③發酵環境的濕度不夠，太乾燥。

PROFILE

教師群

李傑　JACK LEE

國家級技師
「西式麵點師」高級技師

現任｜「焙蕾麵包蛋糕培訓學校」技術總監、LEO LIND 創新顧問。

個人經歷｜師承德國百年世家傳人 Markus Lind，南派軟歐麵包代表，精通各類麵包產品製作與研發設計，2006 ～ 2014 年擔任上海多家五星級酒店及高級烘焙連鎖餅店主廚。

授課風格｜十餘年烘焙實戰技術與經驗，深入烘焙教學機構和產品研發，對市場和產品有自己獨特眼光，根據多年市場調研，自創零基礎與有基礎兩種教學模式，活學活用，舉一反三，注重學員理論解析和實踐操作。

個人榮譽｜2010 年受邀《天下美食》製作的德國「黑森林蛋糕」被《中國日報》報導，並被多家主流媒體轉載。2012 年湖南衛視「麵包大師 VS 模型高手」與德國著名烘焙大師馬丁・琳德一起製作德式麵包。

嚴展平 BLUCE YAN

國家級技師
「糕點、麵包、烘焙」高級技師

現任 | 「焙蕾麵包蛋糕培訓學校」麵包主教。

個人擅長 | 日式麵包、歐式麵包、軟歐麵包、丹麥麵包及各種藝術造型麵包。

個人介紹 | 2010 年至 2016 年曾擔任多家烘焙門店主廚。

授課風格 | 理論與實踐結合，善於培養學生動手做的能力，現學現用，激發創意。

胡　輪 HENRY HU

現任 | 「焙蕾麵包蛋糕培訓學校」麵包主教。

個人擅長 | 日式麵包、歐式麵包、軟歐麵包、丹麥麵包及各種藝術造型麵包。

個人介紹 | 2012 ～ 2016 年曾擔任多家烘焙門店主廚。

授課風格 | 認真負責，善於發現每個學生的資質，相應地更改教學方案，個性化、差異化教學。